生ハム・サラミを、もっと深く楽しむ

　生ハム解禁は、1996（平成8）年。イタリア・パルマ産のプロシュットが輸入されるようになったのを皮切りに、以後、ヨーロッパ各地の生ハムが続々と日本に上陸するようになっています。

　それまで、「ハム」といえばボンレスハムやロースハムなどの加熱ハムを連想する人がほとんどだった時代でした。そして今や、飲食店によっては「ハム」といえば生ハムが当たり前になっています。「ハム」に対する認識は、わずか20数年で大きく変わりました。

　生ハムは、レストランやワインバー、バルでは、今や欠かせないアイテムといっていいほどの存在になっています。

　今日、個別の生ハム製品や産地の情報は、個人や会社がネットなどを通じて発信され、容易に知ることができるようになっています。そうした個々の情報を、より詳しく知るために、横断的にまとめてさらに深く掘り下げたのが本書です。

　生ハム製品は、それぞれにどのような生産者がつくっているのか。また、どのような考えのもとでつくっているのか。生産地域はどのようなところなのか…。そうした、現地でないとなかなか触れることができない情報も、盛り込むことにしました。

　本書では、こうした生ハムの情報に加え、近年、品揃えを充実させるようになってきたイタリアとスペインのサラミ類にも注目しました。生ハム同様、生産者を紹介とあわせて製品紹介をしています。

　生ハムやサラミそのものの味わいや個性に加えて、その背景も含めて知ることで、これまで以上に高い魅力を感じることができると思います。本書が、そうした食の楽しさを深めることの一助となれば幸いです。

旭屋出版　編集部

目次

003…生ハム・サラミを、もっと深く楽しむ

007…本書をお読みになる前に

008…生ハム

010…生ハムができるまで

014…イタリアの生ハム

016…プロシュット・ディ・パルマ
017…カサ・グランツィアーノ
018…クライ
019…ガローニ
020…フマガリ
021…ジョルジョ・ルッピ
022…レボーニ
023…ルッピ
024…モントルシ
025…ピオ・トジーニ
026…プリンチペ
027…ピカロン
028…ルリアーノ
029…ペドラッツォーリ
030…サン・ニコラ
031…ツアリーナ

032…プロシュット・ディ・サン・ダニエーレ
033…ドック・ダッラーヴァ
034…フラモン
035…レボーニ
036…モントルシ
037…プリンチペ
038…ピカロン
039…ペドラッツォーリ
040…ビラーニ

041…プロシュット・トスカーノ
042…ヴィアーニ

043…ヴァッレ・ダオスタ・ジャンボン・ドゥ・ボッス

044…クルード・ディ・クーネオ

045…プロシュット・ヴェネト・ベリコ=エウガネオ

046…プロシュット・ディ・モデナ

047…プロシュット・ディ・カルペーニャ

048…プロシュット・ディ・ノルチャ
049…ポッジョ・サン・ジョルジョ
050…レンツィーニ

051…プロシュット・ディ・サウリス

052…プロシュット・アマトリチャーノ

053…プロシュット・ディ・チンタ・
　　　セネーゼ
054…サヴィーニ

055…クラテッロ・ディ・ジベッロ
056…レボーニ
057…モントルシ
058…アンティーカ・アルデンガ
059…テッレ・ヴェルディ
060…プリンチペ
061…アウローラ
062…ルリアーノ

063…生ハムの正しい知識を発信する／
　　　一般社団法人　日本生ハム協会

064…スペインの生ハム

066…スペインの生ハムの基礎知識：
　　　使用する豚の分類と呼称

068…ギフエロ
069…アルトゥーロ・サンチェス
070…カルディサン
071…ホセリート
072…フリアン・マルティン
073…モンタラス
074…レドンド・イグレシアス

075…ハモン・デ・ハブーゴ
　　　（旧ハモン・デ・ウエルバ）
076…コンソルシオ・デ・ハブーゴ
077…イベリベリコ
078…サンチェス・ロメロ・カルバハル

079…デエサ・デ・エストゥレマドゥーラ
080…マルティネス
081…モンテサーノ

082…ロス・ペドローチェス
083…エルマノス・ロドリゲス・バルバンチョ

084…ハモン・デ・テルエル

085…ハモン・デ・トレベレス

086…アントニオ・アルバレス
087…フビレス

088…スペインの他の地域の生ハム
089…カサルバ
090…エルポソ
091…エスプーニャ
092…トーレ・デ・ヌニエズ

093…ヨーロッパの他の国の生ハム

094…ノワール・ド・ビゴール
095…サレゾン・ドゥ・ラドゥール

096…ジャンボン・ド・バイヨンヌ

097…ドイツの生ハム
098…ヴァインズ

100…サラミ

102…イタリアのサラミ

104…バッツァ
105…クライ

106…ダウトーレ
107…フマガリ
108…レボーニ
110…モントルシ
111…プリンチペ
112…サルチス
113…ゴルフェラ
114…パヴォンチェッリ
115…サヴィーニ
116…トマッソーニ
117…ビラーニ

118…スペインのサラミ

120…アルガル
121…アルトゥーロ・サンチェス
122…カルディサン
123…カサデモン
124…カサルバ
125…エルポソ
126…ゴイコア
127…エスパーニャ・エ・イホス
128…エスプーニャ
129…エルマノス・ロドリゲス・バルバンチョ
130…フリアン・マルティン
131…モンタラス

132…モンテサーノ
133…レドンド・イグレシアス

134…生ハム・サラミ　取扱い先

138…生ハム・サラミ　生産者・ブランド索引

144…奥付

本書をお読みになる前に

※本書に掲載した生産者・製品の情報は、平成30年10月1日現在のものです。
※各ページ冒頭では、生産者名もしくはブランド名を表記しています。
※各ページには、生産者名もしくはブランド名とあわせてロゴマークも入れています。ただし所持されていないところは入れていません。
※各製品名・用語は、その製品の取扱い会社が使用している用語を優先しています。
※各社製品には価格は表示していません。取扱い先にご連絡の上、確認してください。
※取扱い先とその連絡先は、平成30年10月1日現在のものです。

写真提供：DOK DALL' AVA（サンヨーエンタープライズ㈱）

生ハム

- Prosciutto
- Jamón
- Jambon
- Schinken

「生ハム」ができるまで

生ハムの材料は、基本的には豚と塩のみ（地域によって、香草・香辛料も使われる）。作り方は塩漬けと乾燥（地域によって、燻煙も行われる）。古代ローマ時代から食べられてきた歴史ある食べ物だけに、材料も作り方もいたってシンプルだ。その中で、生産者はどのようにして独自の個性を出しているのか。おおまかな生産工程を知るだけでも、味わいに違いを出すポイントが、少しだけ見えてくる。

01 塩漬け前（トリミング・整形）

鮮度を保ったままの豚モモ肉は、脂肪の厚みや色など、肉の状態などで生ハムに向く肉なのかどうかをチェック。生ハムに向くものだけを選別する。

●モモ肉の選定
・地域によって生ハム用にできるモモ肉の規定があるが、理想の生ハムを作るために、地域の規定よりさらに厳しい規定を自ら決めて行っている生産者もある。

●トリミング・整形
・余分な皮、脂肪部分を取り除き、形を整える。この時、皮を残すか残さないか、残すとするとどのような形に残すのか、などの決まりが地域によって異なる。
・選別された肉はマッサージを行い、肉内部に残った血を押し出す。内部に血が残っていると、風味が悪くなったり腐敗が早く進んだりするため。

02 塩漬け

モモ肉に塩の味を付けるとともに、塩の脱水効果によってモモ肉の余分な水分を抜き、細菌の繁殖を防ぐ。このことにより、長期保存が可能となる。

●塩の種類
- 通常、ミネラル分が豊富な海塩を用いることが多い。フランスでは、川塩が使われている。
- 塩は種類だけでなく、粒度も重要。粒の大きさによって、肉への染み込み方が違うからだ。細かいほど肉に早く染み込み、塩けが強くなる。
- どのような塩を使うかでも、完成した生ハムの味わいに差が出る。例えばイタリアでは、毎回新しい塩を使うところが多い。それに対してスペインでは、前に使った塩を保存して繰り返し使うところが多い。一度塩漬けに用いた塩は、肉から出たエキスなどによって塩のカドが取れるといわれている。

●塩漬けの方法
- イタリアでよく見られるのは、塩漬け職人の手によって振り塩をし、棚に並べる方法。機械を使わず職人の手を介するのは、肉の部位によって塩を使い分ける必要があるからだ。脂分があって塩が付きにくい皮の部分には湿った塩を、筋ばった部分には乾いた塩をふる。また、肉の重さなどに応じて塩加減も変える。生産量の多いところは、ベルトコンベアで塩振り工程を行う。
- スペインの塩漬け方法には2種類ある。一つはモモ肉とたっぷりの塩を重ねて置く方法。もう一つははステンレス容器に肉を塩にどぶ漬けにする手法で、この手法はイタリアでは見られないという。

●塩漬け期間
- 塩漬け期間は、モモ肉の状態・重量、生産者の置かれている気候などによって異なる。
- 塩漬けした肉は、冷たく湿った部屋に置かれて、肉に塩が回るのを待つ。置いた肉の上下で塩の入り方が異なるので、途中で上下を返して均一に塩が回るようにする。

●塩漬け回数
- 塩漬け回数は、1回、または2回行われる。
- 2回行う場合は、1回目の塩漬け後に塩を洗い流す。その際に肉をマッサージし、肉の水分と合わせて血抜きもしてから、再度の塩漬けを行う。

03 表面の洗浄

塩漬け期間を終えた肉は、乾燥工程に入る前に、塩を洗い流す。表面の塩をハケなどで落としてから、血や汚れなどをぬるま湯で洗い流す。

- 念には念を入れて、この時点でも肉のマッサージを行い、血抜きを徹底して行うところもある。

04 乾燥

肉を吊るし、温度・湿度をコントロールできる部屋に置いて乾燥させる。この間に、肉内部に染み込んだ塩分はさらに芯の奥の部分にまで浸透し、芯の部分の水分も除かれる。同時に、表面を乾燥させる。切断面は乾燥して固くなる。

05 乾燥熟成

吊るした肉は風通しの良いところに移し、乾燥熟成させる。

- この工程では、季節や周囲の環境によっては、外気を取り入れて熟成させる地域・生産者もある。

06 グリーシング

ラードと小麦粉または米粉、胡椒を合わせて練ったものを、肉の断面や皮の無い部分に塗る。このことにより、それ以降の肉内部からの水分の急速な蒸発を抑え、柔らかい生ハムにする。肉の状態に応じて塗る厚みを調整するため、肉の見極めができる職人の手により行われる。イタリア語でスンニャトゥーラ、フランス語ではパナージュと呼ばれる。スペインではマンテカ油を使う作業があるので、行われない。

07　熟成（エージング）

光の少ない、また空気のあまり流れない部屋に肉を移し、肉にカビを付けて熟成させる。カビは食用に適した白カビで、このカビによって肉の水分を吸収させるとともに、カビが肉のタンパク質を分解してうま味成分に変える。

●カビ付け回数
- カビ付けは、イタリアでは1回であることが多い。
- スペインでは、カビ付けは2回。定期的に行う。一度カビ付けした肉は、マンテカ油（ラードとオリーブオイルを合わせたもの）でカビを拭き取り、再度吊るす。白カビが、灰色から茶色に変色するまで行われる。この期間が長いと、カビが生ハム内部の水分を吸収し、肉がより固く締まる。
- こうした工程がスムーズに行われるよう、スペインでは湿度が高く、空気が動かない地下1～2階に熟成室を設けるところが多い。

08　官能検査

熟成を終えて完成した生ハムは、各地域の品質検査機関の検査官によって検査が行われる。馬のスネの骨でできた検査棒を生ハムに刺して香りを嗅ぎ、異臭・腐敗臭の有無などをチェックするというものだ。細かく決められた製造工程上の規定を守り、最後のこの官能検査に合格したものに、各地域の認定印が与えられる。

イタリアの生ハム

　1996年の日本初上陸以来、生ハム（プロシュット）の代名詞とも言えるパルマ産に加え、近年ではサン・ダニエーレ産も充実。今日ではそれ以外のEUのD.O.P.（保護原産地呼称）やI.G.P.（保護地理的表示）認定地域の製品も注目されるようになってきた。

　ちなみに生産地は、右の地図に示したように、D.O.P 8ヶ所（クラテッロ・ディ・ジベッロを入れると9ヶ所）、I.G.P 3ヶ所。日本にはまだ紹介されていない産地の製品も多い。

　イタリアは、スペインとともに生ハム生産国の双璧。そして両国を比較すると、原料である豚は当然のこととして、製造方法に始まり、その楽しみ方にいたるまで大きな違いがあり、すなわちそれがイタリアの生ハムの特徴といえる。

　まず生産地。国全体に標高が高くて生産地も高地のところが多いスペインと比べると、イタリアの生産地は一部を除くと標高が低い地域が多い。

　次に製造方法。イタリアでは塩を肉に早く浸透させて肉を安定させるため、塩は細かな塩を使う事が多い。また脂身のうま味も重視して脂肪の酸化を防ぐため、ほとんどが皮付きで仕込む。このため塩の浸透が早く進むよう、肉にすり込むようにして塩を付けるのも、イタリアの製法の特徴。熟成期間は、最高で36ヶ月。

　最後に食べ方。イタリアでは肉の繊維に直角に、スライサーを用いて極く薄く広めにスライスすることが多い。このため、口の中に入れると、さっと溶けてなくなるような食感になる。また熟成した香りも楽しめるようにと、独自の食べ方も勧めている。

Production area : 1

プロシュット・ディ・パルマ
Prosciutto di Parma D.O.P.

　イアリアを代表する、パルマで作られる生ハム。生産地は、エミリア＝ロマーニャ州パルマ県の限られた地域。すなわち、エミリア街道から5kmル以上南に離れ、海抜900m以下、しかも東をエンツァ川、西をスティロネ川に挟まれた地域のみである。この地域だけで生産者は145社あり、年間に約815万本が生産され（2017年）、イタリア国内の70%を占めている。

　中でも名産地として知られるのが、ランギラーノ地区。パルマ川に沿った標高400mのこの地区は、涼しく生ハムづくりに理想的な場所。この地区には大小200ほどの工場がある。

　「パルマハム」のブランドを守るための規制と管理・維持を行っているのが、23の生産者によって1963年に設立されたパルマハム協会（Consorzio del Prosicutto di Parma）。

　使用する豚は、イタリア北部と中部の10州（エミリア＝ロマーニャ、ヴェネト、ロンバルディア、ピエモンテ、モリーゼ、ウンブリア、トスカーナ、マルケ、アブルッツォ、ラッツィオ）の認定養豚場で生まれた、ラージ・ホワイト種、ランドレース種、デュロック種の豚に限られる。餌も規定されており、パルミジャーノ・レッジャーノの製造過程で出るホエー（乳清）を使うことも、パルマハムの特徴。9ヶ月以上の肥育で150kg以上の豚のみが使われる（モモ肉で15kg）。

　と畜後はモモ肉に切り分け、冷却期間を置いてトリミングをし、塩漬け作業に入る。「第一の塩」は温度1℃〜4℃、湿度80%の冷蔵庫で6〜7日間寝かせる。余分な塩分を取り除いた後は、「第二の塩」を別の冷蔵室で行い、重量に応じて15〜18日間寝かせる。塩以外の化学物質は使用しない。

　塩漬け後はレスティング（静置）の工程。余分な塩を取り除いて、室温1〜5℃、湿度75%の場所で60〜70日静置し、塩分を肉に浸透させる。

　静置後は塩を洗い流し、1週間ほど自然環境で乾燥させ、ハムを吊るして前熟成。この工程は3ヶ月ほど。この間、スンニャトゥーラ（グリーシング）を行う。露出した肉の部分やひび割れに、パテを塗る工程。パテはラード、塩、胡椒、ときには米粉を混ぜたもので、肉の急速な乾燥を防ぐ。

　その後、前熟成の部屋よりも涼しく、通気が少ない「熟成蔵」に移し、最も大切な熟成工程に入る。パルマハムには、最低12ヶ月の熟成期間が設けられている。熟成後、パルマ品質協会の審査官による確認が行われ、合格認定を受けた製品には「五つ星の王冠マーク」の認証印が捺される。

　パルマハムは、1970年に制定された「パルマハム原産地呼称保護に関する規定」から模造品などから守られるようになり、その後、規制が強化され現在に至っている。D.O.P.認定は1998年。

カサ・グラツィアーノ CASA GRAZIANO

カサ・グランツィアーノ社は、1976年に設立された家族経営の生ハムメーカー。現在も父で社長のグランツィアーノ氏、母ルチア氏、長男アンドレア氏と次男シモーネ氏が従事している。工場はランギラーノでも比較的標高の高い丘（400m）に位置している。丁寧に豚をチェックして良質のものを選んだら、塩漬けも手作業で行い、熟成は工場の窓を開けてティレニア海から吹いて来る風を原木に当てながら熟成させる。2018年、フィレンツェで行われた食の展示会「TASTE」で出されている、「ALLA SCOPERTA DEL GUSTO ITALIANO（イタリア味覚の発見）」にも生ハム分野で唯一選ばれている。国内での規模は中程度ながら、今やパルマハムを代表する会社という評価を得ている。

パルマ生ハム　24ヶ月熟成

長期間の熟成に耐えられるよう、豚はできるだけ大きめのものを選び、熟成後の大きさは骨付きで10kg、骨無しで8kg程度。肉の大きさに応じて丁寧に塩加減しており、塩けはまろやか。うま味の増したまろやかさ。24ヶ月以外に16〜18ヶ月熟成ハムも取り扱っている。

取扱い先：サンヨーエンタープライズ㈱／写真提供：CASA GRAZIANO

クライ clai

クライ（CLAI）社はCooperativa Lavoratori Agricoli Imolesiの頭文字を取った名で、正式名称はイモラ農業労働者協同組合。エミリア＝ロマーニャ州イモラで1962年に畜産農家と飼料農家が協同組合を作り、サラミの製造工場を作ったのが始まりだ。現在は組合員が200名以上、自社所有の養豚場が5か所。それ以外に、組合に加盟する養豚場が135農家もある。同社に加盟する養豚場全体の豚の年間畜産頭数は40万頭で、これはイタリア全体の豚の年間総畜産頭数の4～4.5％にもあたるほどの大きさ。こうした豚を使用し、サン・ダニエーレ工場とランギラーノ工場で生ハムを製造しており、品質の高さでも高い評価を集めている。

"マエストリ・サルミエーリ" プロシュット・ディ・パルマD.O.P.（18ヶ月熟成）（限定品）

クライ社トップブランドである"マエストリ・サルミエーリ"シリーズの生ハム。特に評価が高いのが、限定品のプロシュット・ディ・パルマD.O.P.だ。優れた豚が飼育されるポー渓谷エリアの豚を厳選して使用しており、伝統的な手法に加えて、コンピュータ管理のもと適切な温度と湿度で安定した熟成が行われ、高い品質が保たれている。（※限定品につき、在庫は下記取扱い先まで要問い合わせ）

取扱い先：モンテ物産㈱／写真提供：Cooperativa Lavoratori Agricoli Imolesi

ガローニ　Fratelli Galloni S.p.A.

正式社名は、フラテッリ・ガローニ（Fratelli Galloni＝「ガローニ兄弟」）。その名の通り、1938年の創業時は5人兄弟でスタート（写真右上）。そして今や、世界に輸出できる規模のパルマハムメーカーとしては、ほぼ唯一の創業から自社で経営するオーナー会社（同下）。製品自体も昔ながらのパルマハムの作り方を今でも守っており、1963年のパルマハム協会の発足時には、当時のオーナー、プリモ・ガローニ氏が創立メンバーとして協会のルールづくりに取り組んでおり、「パルマハムの正統」といえるメーカーである。原材料の豚は遺伝子レベルから、飼料、肥育期間まで指定。塩漬け後の乾燥期間では、熟成庫内の酵母を肉にまんべんなく付着させるため、ゆとりを持たせた中で協会規定より30日長く置く。熟成期間にいたるまで、協会規定を上回る厳しい内容を守り、同社ならではの"香りと色、そして華やかな味"の製品に仕上げる。

パルマプロシュット　レッドラベル（D.O.P.）
18ヶ月熟成（骨抜き）

ガローニ社のスタンダードタイプで、骨抜きタイプ。同社製品は、塩ふりの際、専門職人が1本ずつ肉質の状態を見極め、皮に覆われた部分は"乾塩"を振り、肉と骨のまわりには"湿塩"をすり込む。また熟成により酵母がたんぱく質を分解して深い味わいを生むためには400日以上が必要との考えから、最低14ヶ月の熟成期間を取る。しっとりとした食感、華やかな香りと優雅な味わい。

パルマプロシュット
ゴールドラベル（D.O.P.）
24ヶ月熟成（骨付き）

ガローニ社最高級プロシュット。美味しいパルマハムのための熟成に耐えうる肉質を得るために、パルマハム協会の規定より1ヶ月長く肥育された豚を使い、塩漬け後の乾燥期間も30日長く取る。熟成期間中は、今日もエアコンは使わず、熟成庫の窓を毎日開け閉めして庫内を最適な環境に保つ。すべてが職人の手による伝統的な手法で作られる。芳醇な香りとエレガントな味わい。骨抜きタイプもある。

取扱い先：㈱協同インターナショナル食品部／写真提供：Fratelli Galloni S.p.A.

フマガリ
Fumagalli Salumi Industria Alimentari S.p.a.

1900年代初頭、ミラノの北に位置するメーダ市でサラミ類を扱う店からスタート。1920年代には小さな豚肉加工場を作り、豚肉の調理加工品や熟成タイプのサラミの製造が始まる（107ページで紹介）。70～80年代にランギラーノの工場を買収し、パルマハムの製造も始まった。現在は豚肉加工全般の製造を中心とする中堅メーカーで、フマガリ・ファミリーが経営する。豊富な品揃えで伝統的なイタリア食文化を世界23カ国に輸出しており、日本でもデパートなどでいち早く紹介されてきた。豚は、飼育から加工までを自社で一貫して行い、安定した高い品質を守る。

パルマハム
豚は最低210日間の肥育したもので、熟成期間は14ヶ月以上。赤みが濃くて、水分が少なく、脂肪やコレステロール値の低い肉質。デリケートな香りを放ち、甘くて良い匂いがする特徴的なテイスト。

取扱い先：㈱ノルレェイク・インターナショナル畜産部／写真提供：Fumagalli Salumi Industria Alimentari S.p.a.

ジョルジョ・ルッピ

GIORGIO LUPPI SELEZIONE

創業1800年代半ばという、ランギラーノで最も古い老舗高級生ハムメーカー。その老舗の製品ラインナップの中から、日本の輸入業者・フードライナーのために、ルッピ社の元オーナーであり、プロシュット・マイスターでもあるジョルジョ・ルッピ氏が特別にセレクトした製品。下の3種以外にも、パルマの認定を受けない12ヶ月熟成の生ハムもある。

パルマ産生ハム(18ヶ月熟成)(写真上左)
パルマ産生ハム(24ヶ月熟成)(同上右)
パルマ産生ハム(36ヶ月熟成)(同下)

オレンジがかった赤身と、ピンク色を帯びた厚みのある脂肪が特徴。複雑な香りと凝縮した味わい。36ヶ月熟成は数量限定品。

取扱い先：㈱フードライナー／写真提供：GIORGIO LUPPI SELEZIONE

イタリアの生ハム 021

レボーニ　Levoni S.p.A.

豚肉加工品の製造を行う大手企業のレボーニは、1911年、エゼキエロ・レボーニ氏がミラノ郊外で食肉店を開いたのが始まり。以来、高品質でバリエーションの多いサラミ類（108ページで紹介）は、日本を含む世界の60カ国以上に輸出され高い評価を集めている。原料となる豚は、自社の農場での飼育から行い、高いレベルで品質の安定したものを使用。1991年には、ランギラーノ市街地を望むパルマ川右岸のすぐ近くのレシニャーノ・デ・バーニに、生ハムの熟成工場を設立。自社で精肉にされたモモ肉を使い、パルマハムの製造も行うようになった。なだらかな丘陵地帯の中の小高い丘にあるこの工場は、敷地が1万㎡もあり、年間10万本を製造している。1995年からはサン・ダニエーレでも生ハム製造を行うようになっている（35ページで紹介）。左の写真は、ランギラーノの丘にあるパルマハム工場。

パルマ産生ハム"ドンロメオ"D.O.P.

パルマ産生ハムD.O.P.

精肉されたモモ肉は、マエストロ・サラトーレと呼ばれる熟練の塩漬け職人の手によって塩漬けが行われる。2回の塩漬けの後は、塩を洗い流して乾燥させ、その後、丘からの自然の風を利用する第1熟成室と、室温調節をした第2熟成室という、15〜17℃の2つの熟成室を使い分けて乾燥熟成させる。レボーニでは13〜16ヶ月熟成のパルマハムも製造するが、特に18〜24ヶ月熟成のものには"ドンロメオ"の名称で販売している。

取扱い先：セイショウ・トレーディング・インコーポレーション／写真提供：Levoni S.p.A.

ルッピ LUPPI

1950年に誕生したルッピの生ハムは、パルマ南西部でバガンツァ川左岸にあるサーラ・バガンツァの、標高300mほどの土地にある工場で作られる。その特徴は「古代のセラー（Antiche Cantine）」と呼ばれる、18世紀に作られた石造りの地下室で熟成させる点。ブランド名は、この地下室を生ハム熟成にとって理想的な環境に作り変えたタルクィニオ・ルッピ（Tarquinio Luppi）氏にちなんで名付けられた。15～20℃に保たれた石造りの熟成庫と、ハムを吊るす際に使われるオークの木により、ルッピならではのしっかりした芳醇な香りを作り出す。特別な熟成庫でつくられた生ハムの香りと味は、イタリア国内でも高く評価されている。

プロシュット・ルスティコ

厳しい基準で選別された豚肉を使用した、10ヶ月熟成の生ハム。上品で華やかな香り、しっとりした口当たりでコストパフォーマンスが良い。

プロシュット・ディ・パルマ D.O.P.(24ヶ月熟成)

厳しく選別された特に大きな豚が24ヶ月熟成に使用される。「古代のセラー」で2年間熟成されたこの製品は、濃厚で複雑な熟成香。凝縮されたうま味が、噛むたびに口一杯に広がる。

取扱い先：モンテ物産(株)／写真提供：LUPPI

 # モントルシ Montorsi

モデナで1880年創業と歴史を誇る老舗。モントルシは「信頼のブランド（Puoi stare sicuro）」をスローガンとし、飼料から養豚・加工までをグループ内で一貫して行える点を活かして、安心・安全、そして安定した高い品質が高い評価を受けている。パルマ工場は、ランギラーノでも標高522mの谷あいの地に位置する。冬は寒さが厳しいものの、海岸線まで60kmほどと比較的近いため、暖かい海風が寒さを和らげる。また工場近くを流れる川と、山から通る風の影響によって適度な湿度が保たれるという生ハムづくりに最適な環境、そして伝統的な技法を残した生産工程も、同ブランドの生ハムの高い評価につながっている。

プロシュット・ディ・パルマ D.O.P.（12ヶ月熟成）

豚はほぼすべてグループ会社所有の養豚場のもので、残りの一部は信頼できる養豚場から厳しい品質チェックを経て仕入れる。12ヶ月の熟成に適した大きさと脂身を持つ肉が適度に熟成されることで、豚肉本来の甘みと香りが引き立つ。食感はやわらかく、ソフトな熟成香とマイルドな塩味が特徴。

プロシュット・ディ・パルマ D.O.P. "チンクエステッレ"（15ヶ月熟成）

「5つ星」を冠した、同社最高品質の生ハムの一つ。豚は12ヶ月熟成のものと同様だが、12ヶ月よりは大きいサイズのモモ肉を使用。脂身の量も15ヶ月熟成のほうが多い。より長い熟成をすることで味わいに深みが出て、丸く、複雑な味わいになり、余韻がより長い。複雑で芳醇な香り。コクがある味わいで脂身のうま味と塩味のバランスが良い。

取扱い先：モンテ物産㈱／写真提供：Montorsi

ピオ・トジーニ Pio Tosini S.p.A.

1905年に設立された老舗メーカーで、現在、ニコラ・ゲルセティッチ氏が3代目社長を務める。ランギラーノでは数少ない生ハム専業のメーカーで、しかも創業100年来変わらぬ伝統的な熟成方法を行っているのが、同社の特徴。パルマの生ハムの中では高級品に位置づけられるが、これは以下の同社独自の製法によるもの。豚はロンバルディアの契約農家で飼育された、体重170kgで脂の厚みがあるもの。工場はランギラーノ地区でもパルマ川のすぐ脇で、川に背を向ける形で建っており、この位置関係によりアペニン山脈から吹いてくる風を受け止め、生ハムの乾燥を促す。乾燥熟成された生ハムは、創業当初からある地下カンティーナ（熟成庫）に移され、さらに熟成される。このカンティーナには創業時以来の乳酸菌が棲み着き、それによって生ハムに同社独自の深い芳香がもたらされる。

"PIO TOSINI" 19ヶ月長期熟成生ハム　レガート

19ヶ月と、パルマ産では長期の熟成を行っている生ハムで、取扱いしやすい生ハムを追求した骨抜きタイプ。塩漬けは2回で、熟練の職人の手によって行われ、計24日間漬けられる。塩はプーリア産とシチリア産のもの。その後、自然の山風による乾燥熟成、カンティーナでの熟成を経て出荷される。骨なしタイプは、骨を抜いた後、ブロック整形しているので、スライサーにかけやすいのが利点。骨付きタイプもある。また、さらに5ヶ月長く熟成させた24ヶ月熟成も用意する。

取扱い先：登馬商事㈱／写真提供：Pio Tosini S.p.A.

プリンチペ   Principe di San Daniele S.p.A.

イタリア高級食品の大手メーカーであり、サン・ダニエーレ産生ハムのトップリーダーでもあるプリンチペ社（37ページで紹介）。そのプリンチペ社が、2010年からパルマで生産を始めた生ハム。パルマ県内の工場は、ランギラーノ地区とその西に接するカレスターノ地区の2ヶ所。ランギラーノ工場では、豚の選定から塩漬け、熟成にいたるまで、パルマハム協会の規定に基づいた伝統的な製法をベースにしながら、サン・ダニエーレで培った経験と最新テクノロジーも融合させて原木の製造を行う。カレスターノ工場では、同社独自の最新鋭技術のプリ・スライスパック技術を導入。骨抜き・スライス加工を行う。日本では18ヶ月以上熟成のものをスライスパックで販売する。

**パルマプロシュット
14ヵ月以上熟成　骨なし
レガト**

パルマ協会の規定に則り、伝統的な製法で14ヶ月以上熟成させた。骨抜き後は、バンドで固定し機械圧縮をしていないため、肉質は柔らかい。

**パルマプロシュット
20ヶ月以上熟成　骨なし**

20ヶ月の長期熟成に耐えうる肉質で作る、プリンチペ社のパルマハムの最高級品。パルマハム独自の上質な"甘み"と香りが特徴。

**パルマプロシュット
14ヶ月以上熟成　骨付き**

伝統的な製法に基づいて作られたパルマハム。柔らかな肉質、つややかな色合い、さっぱりとした後味。他に骨付きタイプに加え、数量限定品でブロックタイプもあり。

取扱い先：㈱ティーアイトレーディング／写真提供：Principe di San Daniele S.p.A.

ピカロン Prosciuttifici PiCARON

サン・ダニエーレ産の生ハムメーカーとして人気を集めるピカロンの（38ページで紹介）、パルマ産生ハム。同社パルマ工場は、生ハム専門の工場としてサン・ダニエーレに続き1990年に設立。場所は、ランギラーノ市街地とはパルマ川を挟んだ対面に位置する。工場内は効果的な健康自己監視システム(HACCP)を採用し、保健当局による厳格な検査に合格した生産現場で生ハムづくりが行われる。原料のモモ肉を厳選し、職人の手による丁寧な作り方をしていることから、年間生産本数は非常に少ないが、海外からも評価は高いのが同社の特徴だ。

プロシュット・ディ・パルマD.O.P.

同社通常の18〜20ヶ月熟成のものより、ワンランク上の品質を誇る24ヶ月熟成のパルマ産生ハム。深いコクとまろやかなうま味。

取扱い先：㈲アイランドフーズ／写真提供：Prosciuttifici PiCARON

ルリアーノ   Ruliano S.p.A.

パルマハムの"聖地"として知られるランギラーノ地区の、パルマ川に面したランギラーノの町から南西に6kmほど。パルマ川とバガンツァ川との中間地点にある小さな村・リアーノに、ルリアーノ社は位置する。標高は約600m。ほどよく乾燥した空気と、栗やヘーゼルナッツの木の原生林が生い茂る中で、同社独自の生ハムは熟成される。豚はパダーノ平原で育てられたもの。豚肉の仕入れ先を3社に限定し、肉質を維持する。ラベルに「ダニエレ・モンターリ」と同社社長の名を冠しているように、氏の想いを込めた魅力的な生ハムに仕上がっている。

ルリアーノ パルマハム24ヶ月熟成

パルマの王冠マークが証明する通り、厳選された伝統的な手法で製造された生ハム。塩漬けは2回。表面が酵母で覆われてから3ヶ月熟成させ、36℃の岩清水の温水で軽く洗って乾燥熟成させる。24ヶ月熟成は、同社最高級品。

ルリアーノ パルマハム18ヶ月熟成（レガーレ）

パルマハム協会の規制では、熟成期間は最低12ヶ月だが、そこからさらに6ヶ月間の熟成をかけ、独自の風味を強めた。

取扱い先：㈱アーク／写真提供：Ruliano S.p.A.

ペドラッツォーリ
Salumificio Pedrazzoli S.p.A.

1951年、ロンバルディア州東部のマントヴァ県サン・ジョヴァンニ・デル・ドッソ市の中心地で、サラミ製造所として誕生したメーカー。現在は、初代のマウロ・ペドラッツォーリ氏とその従兄弟、それぞれの妻の指揮のもと、マウロの子供達が経営に当たっている。同社が最も特徴的なことは、100％自社の国内農場を所有してトレーサビリティを保証し、オーガニック製品をイタリア国内で初めて生産を始めたこと。1996年には、ボローニャのオーガニック製品管理組合機関から、オーガニック製品製造事業者として管理を受けている。現在、パルマ産に加え、サン・ダニエーレ産（39ページで紹介）も製造している。2008年には「エノガストロミア（ワインと美食）の宝石」コレクションとして「Q+シリーズ」を発売。その中の製品として、パルマハムの「イル・ポッジョ」もラインナップされている。

パルマ産 オーガニック生ハム

有機の手法で運営され、繁殖から飼育まで行う国内農場で肥育された豚を使う。最低15ヶ月の熟成期間を経て、製品にされる。

取扱い先：㈱ビオロジコ／写真提供：Salumificio Pedrazzoli S.p.A.

サン・ニコラ
San Nicola Prosciuttificio del Sole S.p.A.

サン・二コラの設立は1979年。ランギラーノの市街地から南南西に15kmほどのパルマ川沿い。海抜600mほどのアッペンニーノトスコ＝エミリアーノ国立公園の北の一画。専用の一本道を走った先に、工場はある。こうした場所に工場が建てられたのは、製造工場を一般の交通網から隔離することで空気の汚染を遮断するため。同社の地下熟成庫は、建物の外周に深さ50cmほどの溝を掘って窓を取り付け、そこから外気を取り込んで熟成させるようにしており、「空気そのものがユニークな味わいを生み出す自然のスパイス」と考えている。豚は100%イタリア産。ポー川流域の提携農家で肥育されたものが精肉され、工場にはモモ肉だけが運ばれる。相対湿度65〜85%で、常に空気の対流がある低温庫内で2回の塩漬けを行い、肉を休ませた後は、洗浄し地下熟成庫に運ばれて乾燥熟成される。繊細な味わいと芳醇な香りが同社の生ハムの特徴だ。

プロシュット・ディ・パルマ

モモ肉は0℃〜3℃で3日間休ませ、4日目に塩漬けにする。塩は肉の4〜6%。塩漬けは0℃〜4℃・湿度70〜85%の環境で5〜7日間馴染ませ、2回目の塩をして馴染ませる。塩を洗い落としたら、5〜7日の乾燥後、15℃以上の熟成庫で乾燥熟成が行われる。骨付きと骨なしタイプがある。20〜24ヶ月熟成のものと、30ヶ月熟成のものも用意。

プロシュット・ディ・パルマ　レガート

レガートは、イタリア語で「縛る」という意味。職人が1本1本手作業で骨を抜いて縛る。機械でプレスする生ハムとは違い、とてもやわらかくふんわりとした食感。

取扱い先：㈱プログレス　アレクリア事業部／写真提供：San Nicola Prosciuttificio del Sole S.p.A.

ツアリーナ Zuarina S.p.A.

1860年創設。創始者の妻であるウゴロッティ・ツアリーナ氏の名から付けられたという、老舗の生ハムメーカーのツアリーナ社。設立以来、塩漬けと熟成の方法にかけては高い技術力を誇り、品質の高さで人気を集めてきた。1928年には小さな工場を設立して事業を拡大し始め、1980年代末の段階で年間10万本以上の生産力を持つまでとなった。現在、同社はランギラーノ地区でもパルマ川を望む土地に敷地を得て工場を構えており、ここで最高の品質を得るために、選びぬかれた豚モモ肉を使い、塩漬けから熟成段階まで手間をかけながら生ハムを生産している。その味わいは、マイルドで美味と評判。

プロシュート・ディ・パルマ 骨なしDOP

豚は、パルマの生ハム生産者の中でも15％しか使用していない、マンドーヴァ産のランドレース種を使う。特別規定の穀物、シリアル、パルミジャーノ・レッジャーノの乳清を混合した飼料で育てられる。塩以外は一切加えず、熟成期間は16〜18ヶ月。適度な塩加減でまろやかな味わい。約7〜8.5kg。

取扱い先：㈱アルカン／写真提供：Zuarina S.p.A.

Production area : 2

プロシュット・ディ・サン・ダニエーレ
Prosciutto di San Daniele D.O.P.

　独特のギターの形と蹄(ひづめ)が付いた特徴的な形が、サン・ダニエーレ産の生ハムの特徴。蹄部分を残しているのは、そのまま吊るして熟成させることで、水分蒸発を促すため。パルマ産に比べると、味も香りともに強い。

　サン・ダニエーレ産生ハムは、パルマハムと並びイタリアを代表する生ハムとして、今や日本でも広く知られるようになったが、生産者数はパルマハムに比べると少ない。生産量に関しても、品質を守るため年間量は制限されている。

　生産される場所は、イタリアの東端のフリウリ＝ヴェネツィア・ジューリア州のウーディネ県にある、サン・ダニエーレ・デル・フリウリの自治体内に限られる。35㎢、標高250mほどのモレーンの丘陵地帯で、西にタリアメント川が流れ、南のアドリア海からの湿った風と、北のアルプス山脈からの冷たく乾いた風とによってつくられる適度に乾燥した環境が、良質な生ハムづくりに適している。

　使用される豚は、ランドレース種、ラージ・ホワイト種、デュロック種に限られる。イタリア北部と中部の10地域（フリウリ＝ヴェネツィア・ジューリア、ヴェネト、ロンバルディア、ピエモンテ、エミリア＝ロマーニャ、ウンブリア、トスカーナ、マルケ、アブルッツォ、ラッツィオ）において、指定農場で穀類とホエー（乳清）などの厳選された飼料で育てられた豚が用いられる。

　さらに、豚は生後9ヶ月で、生体重160kg以上、12kg以上のモモ肉を原料とすることが規定されている。塩漬け期間は、伝統的な手法では脚の総重量1kg当たり1日。その後、塩を落としてから、ギターの形状にするために、24〜48時間プレスが行われる。熟成期間は13ヶ月以上。熟成を終えた生ハムは、骨付きで重さは7.5kg以上のものがD.O.P.に認定される。

　品質管理は、1961年に設立されたサン・ダニエーレ協会（加盟生産者は、2017年現在31社）が行っている。1996年、D.O.P.認定。

ドック・ダッラーヴァ DOK DALL'AVA

ガンベロロッソが選ぶ"美味しい生ハム10社"の中でも、最高の評価を得ているDOK社。その生ハムはローマの宮殿でも使用され、各国の要人に饗されている。1955年に設立され、2007年に新しい会社組織で運営を開始した同社は、生産者としては中規模だが、品質の高さで人気を集めている。サン・ダニエーレ協会規定のイタリアの北部と中部の10の州で育てられた良質の豚を使い、ミネラルを含んだプーリアの塩を丁寧にマッサージしながら揉み込み、細かい温度調節をしながら乾燥熟成させる。塩けが入りすぎず、デリケートな味わいが同社生ハムの特徴だ。サン・ダニエーレ・デル・フリウリ市街地の北端にある同社工場は、事前予約すれば見学が可能。見学を兼ねて食事も楽しめるよう、敷地内にはプロシュッテリアが併設されている。

サン・ダニエーレ産生ハム
DOP 24ヶ月熟成

飼料と豚を選択し、脂身は肉周辺までで赤身の部分には3～4%以上入り込まない肉を使う。ミネラルを含んだプーリアの塩で漬け込み、塩抜きの後は細かい温度調節をしながら熟成する。24ヶ月以外に36ヶ月・42ヶ月・48ヶ月熟成もあるほど熟成期間は長い。ピンクの赤身と真っ白な脂身で、引き締まって塩が強すぎない。デリケートな味わい。

取扱い先：サンヨーエンタープライズ㈱／写真提供：DOK DALL'AVA

イタリアの生ハム

フラモン   FRAMON S.p.A

©CONSORZIO DEL PROSCIUTTO DI SAN DANIELE

サン・ダニエーレ・デル・フリウリの市街地から南西に伸びる、タリアメント川沿いのナツィオナーレ通り。この地域は、北のアルプスからは冷たく乾いた風が、南のアドリア海からは暖かで湿った風が吹く、生ハムづくりに最適な場所。このため、名だたる人気生ハムメーカーが建ち並ぶ。フラモンの工場も、その一画にある。1960年代、同社社名の由来となったフランキ氏とモンターリ氏という2人の創業者によって設立され、2012年には、200年以上の歴史を持つイタリア最古のハムメーカー・ベレッタ社の傘下となり、独自のレシピにより最高品質のサン・ダニエーレ産生ハムを作り続けている。

プロシュート・ディ・サン・ダニエーレ骨付きDOP

豚の品種は、ランドレース、ラージ・ホワイト、デュロックの交雑種を使用。充分に脂の乗った品質の高い豚を使用しており、腿の付け根部分に向かってきれいな曲線を描いている点が特徴。生ハムづくりの工程におけるマッサージ回数はパルマを上回り、熟成も16〜18ヶ月と長い。原木1本は約10〜11kg。骨なしもあり、こちらは約7〜8.5kg。

取扱い先:㈱アルカン／写真提供:FRAMON S.p.A

LEVONI レボーニ　Levoni S.p.A.

1911年、エゼキエロ・レボーニ氏によってミラノ郊外で食肉店として設立されたレボーニ。高品質でバリエーションの多いサラミ類（108ページで紹介）は、日本以外にも世界の60カ国以上に輸出され、高い評価を集めている。1991年のランギラーノ工場（22ページで紹介）に続き、1995年にはサン・ダニエーレでも生ハム製造を開始。工場は、サン・ダニエーレ・デル・フリウリ市街地の南西1.5kmほどのところの丘陵地帯にある。豚は、サン・ダニエーレ協会の規定に沿って育てた自社飼育のものや北イタリア産のもので、最低9ヶ月以上の飼育により160kgの豚を使用。と畜後、精肉にされ、モモ肉だけを工場に運び加工する。タリアメント川を伝って流れるアルプスからの冷風と、アドリア海からの暖風という、サン・ダニエーレ特有の気候の中で生ハム製造が行われている。左の写真はサン・ダニエーレ工場。

サンダニエレ産生ハムD.O.P.

精肉されたモモ肉は、サン・ダニエーレでは水抜きのために肉を圧縮にかけるが、その際に赤身部分にも脂が回る。その後、塩漬け職人の手によって2回の塩漬けを行い、乾燥させたら、15〜17℃に室温管理された熟成室で乾燥熟成させる。13〜16ヶ月熟成のハムが同社の通常のサン・ダニエーレD.O.P.だが、特に18〜24ヶ月熟成のものにはパルマハムの"ドンロメオ"と同様、特別に"コンテッサ"の名称で販売している。濃厚でまろやか。繊細で上品な味わい。

取扱い先：セイショウ・トレーディング・インコーポレーション／写真提供：Levoni S.p.A.

 # モントルシ Montorsi

2008年からモントルシブランド（24ページで紹介）として生産が行われているサン・ダニエーレ産生ハム。豚は、ほとんどがグループ会社所有の養豚場で、グループ会社で製造される餌で育てられたものを使用。サン・ダニエーレ工場は、標高約160mとパルマの工場より低く、北の山から乾いた風が吹く。年間降水量は1340㎜（ランギラーノは868㎜）と多く、湿度もパルマ工場に比較すると高いという環境の中で作られている。製造過程では最新技術導入による効率化が行われつつも、パルマ工場と同様に、重要な工程では職人の手による作業が重視されている。肉質、環境と技術が相まった高い品質が、世界的にも評価されている。

プロシュット・ディ・サンダニエーレD.O.P.

使用する豚はサン・ダニエーレ生ハム協会の規定に叶う品質で、パルマ産と同様、ほぼすべてグループの会社所有の養豚場で肥育したもの（一部は信頼できる養豚場から厳しい品質チェックを経て仕入れる）。この製品の熟成期間は最低13ヶ月。食感はやわらかく、上品かつ複雑な熟成香が感じられる。なめらかな舌触りで、口溶けの良い脂身からはジューシーなうま味が広がる。

取扱い先：モンテ物産㈱／写真提供：Montorsi

プリンチペ
Principe di San Daniele S.p.A.

1945年、クロアチア出身のステファノ・ドゥクチェビッチ氏と、妻のカロリーナ氏、息子のマリオ氏が、フリウリ＝ヴェネツィア・ジューリアの州都トリエステ（現・本社住所も同地）で加工肉製品の製造を始めたのが、プリンチペ社のスタート。豚の選定からサン・ダニエーレ協会が定める規定よりも厳しい基準で行っており、最低熟成期間も規定より30日長く行っている。また、原木はスネに近い部分まで皮と脂肪を取り除くことで、熟成を均一化。裏面まで大きく皮をはいでスネまでしっかりと熟成させることで、カットする際に大量に削り落とす必要がなく歩留まりを良くするなど、消費者目線に立ったつくり方も行っている。サン・ダニエーレの生ハム製造のトップリーダーに位置づけられている。一方で、同地以外にもイタリア国内に6つの工場を所有し（26ページで紹介）、最新の基準と技術により伝統的な製品を製造している。

サンダニエレプロシュット
20ヶ月以上熟成　骨付き

同社最高品質の生ハム。生産量が少ないため、数量は限定。高価だが、スネの部分が細くてモモの部分の肉が平らに成形されているため、端に近い部位でもスライスが取れ、歩留まりがいい。

サンダニエレプロシュット
16ヶ月以上熟成　骨付き

スタンダードな製品よりも、さらに最低60日長い熟成期間を経た生ハム。芳醇な香りとなめらかな舌触り。

サンダニエレプロシュット
14ヶ月以上熟成　骨付き

プリンチペ社のスタンダードな生ハム製品で、サン・ダニエーレ協会の規定する最低熟成期間よりも1ヶ月長い熟成期間を取っており、マイルドで上質な味わいが特徴。骨なしタイプでは、スライス時の身割れを防ぐため、側面と骨を抜いた部分の皮のつぎ目を多くする成形を行っている。

取扱い先：㈱ティーアイトレーディング／写真提供：Principe di San Daniele S.p.A.

イタリアの生ハム　037

ピカロン
Prosciuttifici PiCARON

1990年に設立されたピカロン社は、サン・ダニエーレ・デル・フリウリの市街地の北に接する高台に工場を持つ生ハムメーカー。パルマでも生ハムを作っており（27ページで紹介）、海外にも積極的に輸出する同グループ規模は、イタリアでも中規模の部類に入る。同社のサン・ダニエーレ工場では、熟成工程において他社では見られないユニークな試みを行っている。それは、生ハムの最終熟成段階でステンレス棚ではなく木組みの棚を使うこと。木組みの棚には、生ハムをより美味しくするための微生物が多く生息しており、そうした微生物の作用によって、生ハムはより風味が良くなり、独特の味わいと芳醇な香りを生み出す。

プロシュット・ディ・サンダニエーレ　DOP

サン・ダニエーレ協会の規定に基づいて製造されている生ハムで、この製品は24ヶ月の長期熟成。素晴らしい柔らかさと味に加えて、木組みの枠での熟成により、微生物からの影響を受け、芳醇な香りがある。

取扱い先：㈲アイランドフーズ／写真提供：Prosciuttifici PiCARON

ペドラッツォーリ
Salumificio Pedrazzoli S.p.A.

1951年、ロンバルディア州東部のマントヴァ県サン・ジョヴァンニ・デル・ドッソ市の中心地で、サラミ製造所として誕生したメーカー。現在は、初代のマウロ・ペドラッツォーリ氏とその従兄弟、それぞれの妻の指揮のもと、マウロの子供達が経営に当たっている。同社が最も特徴的なことは、伝統的な製品に加え、オーガニックの生ハムとサラミを作っていること。サン・ダニエーレ産の同社生ハムもその一つ。繁殖から肥育まで行う100％自社の国内養豚場で飼育した豚を使うことで、トレーサビリティを可能にし、オーガニックの豚を使った生ハムづくりが可能となった。1996年には、ボローニャのオーガニック製品管理組合機関から、オーガニック製品製造事業者として管理を受けている。

**サン・ダニエーレ産
オーガニック　生ハム**

同社のサン・ダニエーレの工場で生産されているオーガニックの生ハム。サン・ダニエーレ協会の規定よりも、30日長い熟成期間を経て製品にされる。

取扱い先：㈱ビオロジコ／写真提供：Salumificio Pedrazzoli S.p.A.

 ビラーニ　VILLANI S.p.A.

エミリア・ロマーニャ州のやや北部に位置するモデナ市で、1886年に生まれたビラーニ社。サラミづくりが主力（117ページで紹介）の同社が手がけている生ハムが、サン・ダニエーレ産の製品。使用される豚は、中部イタリアで育てられている、重量の重い原料豚を使った生ハムは、豊かな香りと甘く繊細で後を引く味わい。

サンダニエレプロシュット（D.O.P.）（骨抜き）

サン・ダニエーレ協会の規定による、中部イタリアで育てられた豚を使用。14ヶ月熟成。まろやかで繊細な味わい。

スペック

トレンティーノ＝アルト・アディジェ州作られるスモークプロシュット。脂肪が少なめのプロシュットをじっくりとスモークしたもの。イタリア北部の名産で、お祝い事などに良く使われる。

取扱い先：㈱協同インターナショナル　食品部／写真提供：VILLANI S.p.A.

Production area : 3

プロシュット・トスカーノ
Prosciutto Toscano D.O.P.

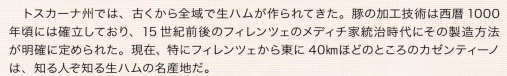

　トスカーナ州では、古くから全域で生ハムが作られてきた。豚の加工技術は西暦1000年頃には確立しており、15世紀前後のフィレンツェのメディチ家統治時代にその製造方法が明確に定められた。現在、特にフィレンツェから東に40kmほどのところのカゼンティーノは、知る人ぞ知る生ハムの名産地だ。

　プロシュット・トスカーノは1996年にD.O.P.認定。州内で加工され、使用されるのは、イタリア北部〜中部（トスカーナ州、ロンバルディア州、エミリア＝ロマーニャ州、マルケ州、ウンブリア州、ラツィオ州）で育てられた、イタリア伝統の大型豚のラージ・ホワイト種、ランドレース種、デュロック種、またそれに近い品種で、9ヶ月以上飼育し体重144kgから176kgのもの、太ももは最低11kgのものに限られる。

　製造工程では、塩漬けに際しては、塩、胡椒、植物由来の天然フレーバーで120時間以内。塩漬け後は消毒剤を使わず飲料水で洗い流され、温度・湿度を管理した部屋で乾燥。最後の工程でラード、小麦粉または米、塩、胡椒、植物起源の天然フレーバーからなるスンニャトゥーラを行う。植物起源の天然フレーバーには、胡椒、にんにく、ローズマリー、ジュニパーベリー、ミルトなどの天然香料が使われる。7.5kgから8.5kgまでの生ハムの熟成期間は最低10ヶ月、8.5kg以上の生ハムの熟成は最低12ヶ月、といった規定がある。

　形状は丸みを帯び、底面は綺麗なアーチ型。平均的な重量は8〜9kg。断面は鮮やかな赤色、または明るい赤色、内部にサシはほとんどない。味わいは赤身のうま味が強く、やや塩味が立っているのが特徴だが、近年はよりマイルドな味わいに仕立てるメーカーが増えている。はっきりとした熟成香がある。

　プロシュット・トスカーノ組合の設立は1990年。加盟生産者は20社。D.O.P.認定は1996年。

イタリアの生ハム

ヴィアーニ　Salumificio Viani S.R.I.

海外への輸出も行っている、プロシュット・トスカーノを代表する生ハムメーカー。1922年、現・3代目社長のアルバロ氏の父で、ファビオ・ヴィアーニ氏の祖父によって設立された小さな職人的工房が始まり。現在の工場はシエーナ県の歴史的な観光都市サン・ジミニャーノから6kmほど北東のところ。近くにはエルサ川が流れる渓谷にある。祖父の時代から、イタリアとトスカーナ州の伝統的レシピを守り続けており、その製品の質の高さが認められてきた。ファビオ氏の時代に代わってもサラミやプロシュットなどの特徴と、伝統的な味わいを守りながら、より品質を向上させるために整備の革新をはかってきた。企業規模は中規模で、使用する肉、塩やスパイス類にいたるまで管理され、世界から高い評価を受けている。

プロシュット・トスカーノDOP
18ヶ月熟成

しっかりと味ののったモモ肉を使い、天然の海塩に加え、胡椒、ハーブ類に漬け込んだ後、熟成させた。パルマやサン・ダニエーレ産のプロシュットに比べると、かすかなスパイス・ハーブのニュアンスがある。熟成期間は18ヶ月と、イタリア産の中では比較的長め。

取扱い先：㈲アイランドフーズ／写真提供：Salumificio Viani S.R.I.

Production area : 4

ヴァッレ・ダオスタ・ジャンボン・ドゥ・ボッス
Vallée d'Aosta Jambon de Bosses D.O.P.

　生産地は、ヴァッレ・ダオスタ州サン＝レミ＝アン＝ボッス村。アルプスを越えるグラン・サン・ベルナルド峠の手前にある海抜1619mの村で、周辺の村とともに僧主ボッスの領地として治められていた。農業と牧畜も行われており、かつては牛も豚も夏は放牧され、飼料として穀物、山の牧草の干し草、チーズ作りの後に残った材料などを与えられていた。その当時は豚モモ肉に塩と香辛料をまぶした後、ジュートに包んで1年半寝かせた後、熟成させていた。

　現在、使用される豚は、ラージ・ホワイト種、ランドレース種、デュロック種で、ヴァッレ・ダオスタ州、ピエモンテ州、ロンバルディア州、ヴェネト州、エミリア＝ロマーニャ州で生まれ、飼育、精肉されたもの。

　塩漬けと熟成が非常に独特で、塩漬けでは、塩に加え、粒胡椒と挽いた胡椒、セージ、ローズマリー、にんにく、ねずの実、タイム、月桂樹を加えて漬け込む。塩漬けは11〜2月、15〜20日間の2回で、その間に最低2回のマッサージで血と水分を抜く。塩を洗って乾かした後は、剥き出しの部分には粗挽き胡椒をまぶし付け熟成に入る。

　熟成は、ラスカルドと呼ばれるアルプスの木材を使った小屋で、干し草と一緒に行われる（この干し草は定期的に交換）。熟成期間は最低12ヶ月、平均すると14〜18ヶ月だが、場合によっては30ヶ月に及ぶこともある。

　形状はやや扁平で、蹄付き。重量は最低7kg。皮は黄味を帯びた干し草色で、外側はなめらか、内腿側は細かい皺が見られる。断面は赤ワインのような色味で、脂肪は引き締まり、皮に近い部分はうっすらとピンク色、全体に艶がある。味わいはごく繊細で微かな塩味、明快な甘み。香りの余韻は長く、微かに野禽の風味。1996年にD.O.P.認定。ただし、生産数が限られていて、国外まではなかなか出回らない。

Production area : 5

クルード・ディ・クーネオ
Crudo di Cuneo D.O.P.

　ピエモンテ州西部のクーネオ県、アスティ県及びトリノ県の54市町村で作られる生ハム。この一帯は、南からは暖かく乾いた空気が流れ込み、北からは常に清涼な風が吹く。クーネオからランゲ、アスティ・モンフェラート、そしてトリノ南の丘陵地帯は常に湿度が50～70％と一定しており、特別な設備を必要とせずに生ハムの安定した熟成が可能である。

　当地での生ハム製造は、少なくとも17世紀初頭に遡る。冬の終わりになると、"サウティッセ"と呼ばれる職人が各農家を回り、豚をと畜し加工作業を行った。その後、19世紀後半にはブルジョワたちのニーズを受けて、当地の生ハム製造は品質が向上した。

　使用される豚は、ラージ・ホワイト種、ランドレース種、デュロック種で、大部分は上記54市町村内で生産される飼料で育てられたもの。と畜は8ヶ月齢以上。精肉後24時間以上120時間以内に冷蔵保存されたモモ肉から足先部分を取り除き、成形、マイナス1～3℃で冷却。

　塩漬けは塩のみ、もしくは砕いた黒胡椒と香辛料を混ぜた酢、香辛料エキス、自然由来の抗酸化物を混ぜたものを用いて（保存料は使用不可）14日間以上、その後、温度と湿度が一定に保たれた空間で50日以上寝かせ、余分な皮や脂を取り除いた後、塩漬けから数えて10ヶ月以上熟成させる。温度は最初は12～18℃、その後15～23℃に調整する。

　形状は全体に丸く、蹄はない。熟成後の重量は8.5～12kg。肉の色は、脂肪分のない部位は均一に赤色、脂肪は同様に白色。柔らかく、かつ締まっており、甘く芳しい。

　クルード・ディ・クーネオ保護促進組合の設立は1998年。加盟メーカーは40社及び精肉業社2社、熟成業社1社。D.O.P.認定は2009年。

Production area : 6

プロシュット・ヴェネト・ベリコ＝エウガネオ
Prosciutto Veneto Berico-Euganeo D.O.P.

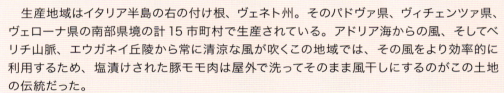

　生産地域はイタリア半島の右の付け根、ヴェネト州。そのパドヴァ県、ヴィチェンツァ県、ヴェローナ県の南部県境の計15市町村で生産されている。アドリア海からの風、そしてベリチ山脈、エウガネイ丘陵から常に清涼な風が吹くこの地域では、その風をより効率的に利用するため、塩漬けされた豚モモ肉は屋外で洗ってそのまま風干しにするのがこの土地の伝統だった。

　15世紀に、医師で栄養学者であり、美食家でもあったミケーレ・サヴォナローラが記した著書には、キリスト教に改宗したとあるユダヤ人が同地の生ハムを食べて「これほどに美味しいと知っていたならもう10年早く改宗したのに」と言ったというエピソードが紹介されている。

　現在、11月25日の聖・カテリーナの日には、モンタニャーナを初めとするベリコ＝エウガネオ地域の村々の祭りでは、生ハム用の豚モモ肉が出品される。

　使用される豚は、イタリア伝統のラージ・ホワイト種、ランドレース種、デュロック種で、ヴェネト州、ロンバルディア州、エミリア＝ロマーニャ州、ラツィオ州、ウンブリア州で生まれ、飼育、精肉されたもの。

　生後40日以内に選別された仔豚の腿に目印のタトゥーを入れ、規定に沿った飼料を与えて育てることで、独特の風味を備えたハムとなる。モモ肉は24時間冷蔵した後、成形、肉をよくマッサージした後に海塩をよくすり込む。肉の様子を見極めて10日から15日後に個々のモモ肉から塩を落とし、軽くプレスをかけた後、温度と湿度が管理された空間で75〜100日熟成させる。その後、洗いをかけ、ラードと穀物粉を混ぜたペーストを塗り、自然な状態で熟成させる。熟成期間は7〜8.5kgで10ヶ月、8.5kg以上は12ヶ月以上。

　完成した生ハムの形状は、若干扁平で蹄はない。重量は8〜11kg、骨抜きは7kg以上。断面は赤みがかったピンク色で、脂肪は純白。スライスすると綺麗なピンク色、風味はデリケートで甘く芳しい。塩分、脂肪分は少ない。

　プロシュット・ヴェネト・ベリコ＝エウガネオ保護組合の設立は、1971年。参加メーカーは10社。D.O.P.認定は1996年。

Production area : 7

プロシュット・ディ・モデナ
Prosiutto di Modena D.O.P.

　バルサミコ酢の産地として知られるエミリア＝ロマーニャ州のモデナ県と、その両隣のボローニャ県、レッジョ・エミリア県の34市町村で生産されている生ハム。これらの地域はパナロ川流域の標高900m以下の、レッジョ・ネッレミリアからボローニャに至る丘陵地帯に位置し、雨は少なく、常に微風が吹いている。

　その歴史は古く、肉の保存に塩を用いていたケルト人がもたらし、その後、古代ローマ人が、当地のポルケッタ、生ハム、サルシッチャを宴会の卓上に載せたと言われている。

　使用される豚は、伝統品種のラージ・ホワイト種とランドレース種の純血腫もしくは交配種、またはデュロック種の交配種などで、エミリア＝ロマーニャ州、ロンバルディア州、マルケ州、ウンブリア州、ラツィオ州、トスカーナ州、ピエモンテ州、ヴェネト州、アブルッツォ州、モリーゼ州で飼育され、精肉されたもの。

　と畜後、モモ肉は"洋梨型"に成形し、塩漬け工程を2回経て、温度湿度を一定に保った空間で60日間寝かせる。その後、塩を洗い落とし、乾かしてから熟成庫へ。熟成期間は塩漬けから最低でも14ヶ月。重量は最低7kg。断面は鮮やかな赤色。

　味わいは旨味強く、しかし塩はきつすぎない。香りは甘く、明快。プロシュット・ディ・モデナ組合の設立は1969年で、同年にD.O.P.認定。加盟生産者は9社。

Production area : 8

プロシュット・ディ・カルペーニャ
Prosciutto di Carpegna D.O.P.

　アドリア海に面し、イタリア半島のいわゆる"ふくらはぎ"部分にあたるマルケ州。同州ペーザロ・ウルビーノ県のカルペーニャ市が生産地だ。場所は、モンテフェルトロ地方と呼ばれるマルケ州の北部で、ロマーニャ地方とトスカーナ州の境に位置する。標高は748m。

　樫と栗の木の森林地帯で、その落果を餌とした黒豚の飼育が盛んだった。その豚を使った加工品が名産として定着。15世紀初めには、ウルビーノ伯グイドアントニオはカルペーニャの民に"豚とその塩漬け肉"の領地外への販売を禁じている。豚の加工業は重要な産業であったため、1463年にチェゼーナの領主ノヴェッロ・マラテスタがチェルヴィアの塩田をヴェネツィアに売却することになったが、カルペーニャの民がこの塩田の塩を使うことは例外として認められたという。

　使用される豚はラージ・ホワイト種、ランドレース種、デュロック種のほか、イタリア伝統の交配種で、マルケ州、ロンバルディア州、エミリア＝ロマーニャ州で生まれ、飼育され、精肉されたもの。

　7日間の塩漬け後、余分な塩を取り除いてさらに再び塩漬けを11日間。塩を白ワインで洗い落とし、乾かし、ラード、粉、天然の香辛料（胡椒）を混ぜたペーストでスンニャトゥーラを施し、温度5〜20℃に管理した空間で寝かせる。熟成期間は塩漬けから数えて13ヶ月以上。

　形状は丸みを帯び（この形はアッドッボと呼ばれる）、重量は8kg以上。断面はサーモンピンクで、淡くピンクがかった脂肪が適度についている。味わい繊細で甘く、芳しい。D.O.P.認定は1996年。

　なお、生産エリアはカルペーニャに限られるが、カルペーニャはモンテフェルロ地方の中心地であったことから、この地方全域で作られており、モンテフェルトロ地方のエリアでは、にんにく、胡椒、ローズマリー、ローリエ、ヴィンコット、塩、砂糖で味付けした特別なプロシュットもある。

Production area : A

プロシュット・ディ・ノルチャ
Prosciutto di Norcia I.G.P.

　トスカーナ、マルケ、ラッツィオの各州に周囲を囲まれ、海を持たないウンブリア州。そのペルージャ県の南東部にある山岳地帯の町・ノルチャと、その周辺部のカッシャ、プレーチ、ポッジョドーモ、モンテ・ディ・スポレートの計5地域の、標高500m以上の場所で作られている生ハム。

　ノルチャ一帯での生ハム製造の歴史は古い。夏は20℃以下と涼しく冬は氷点下にならない気温、そして乾燥した気候という環境を活かして、紀元前の時代から生ハムとサラミの生産が盛んに行われてきた。ローマ帝国時代には山岳地帯でどんぐりを餌にした養豚も行い、近隣の町に塩漬け肉を売るようにもなった。

　使用される豚は、ラージ・ホワイト種、ランドレース種、デュロック種またはイタリア伝統の交配種。塩漬けは中粒の海塩を使って2回行う。今日、同地域の生ハムの独自性として、肉には塩以外に、にんにく、胡椒をすり込むことがあげられる。外形的な特徴は比較的大型で、ずんぐりとした洋梨型。I.G.P.に認定されるには、肉は骨抜きで8.5kg以上の重さがあること、熟成期間は12ヶ月以上という規定がある。

　風味はあるが塩けは薄い。香りは特徴的で、ややスパイシー。2018年現在、プロシュット・ディ・ノルチャI.G.P.の生産工場は10ヶ所。

ポッジョ・サン・ジョルジョ
Poggio San Giorgio

ダニエーレとアレッサンドロのペルティコーニ兄弟によって設立。「我々の生ハムを食べるということは、我々の数世紀来の情熱の結晶を味わっているということ」と語る、情熱的な生ハムメーカー。工場はノルチャ市街地の南西にあるアグリアーノ（Agriano）の、標高およそ980mの高地に位置している。ペルティコーニ家は1975年から生ハムの加工・保存と販売に従事してきたが、ノルチャの伝統的な生ハムづくりをより追求するために、2004年に現在の高地に移設した。原料では、ノルチャI.G.P.に相応しい肉の選定から、にんにくや胡椒の選別にいたるまで決して妥協しない。製造過程においては、保存や熟成では近代的な技術を積極的に取り入れて、衛生的で安心できる製品が提供できるようにしている。

プロシュット・ディ・ノルチャ I.G.P.

日本ではあまり紹介されていなかった、珍しいプロシュット・ディ・ノルチャ。塩に加え、にんにく、胡椒を肉にすり込む点が特徴。味づくりで最も重要な工程の「塩漬け」「ラード付け」は現在でも全て手作業で行い、より上質な風味を提供する。塩けは控えめ。

取扱い先：(有)リリブ／写真提供：Poggio San Giorgio

レンツィーニ
RENZINI – Alta Norcineria e Gastronomia

1910年からウンブリア州内で食肉加工を始め、代々受け継がれてきた技術と経験を基に、現オーナーのダンテ・レンツィーニ氏により1977年に設立した食品メーカー。ペルージャ県ノルチャのモンティ・シビッリーニ国立公園内の一角でプロシュット・ディ・ノルチャI.G.P.を、州北部のモンテカステッリで生ハム以外のサラミ製品をそれぞれ製造する。同社の特徴は、伝統的な生ハム以外の豚肉加工品として、ブドウの絞り粕を用いたり、オレンジでマリネしたり、バルサミコでマリネしたりと、他社では見られない独創的な製品を製造していること。食肉加工品の製造を主軸として、オリーブオイルをはじめとした高品質の食材、ワインなども取り扱う。

ローザ・ディ・ノルチア

グラン・カッレ・アランチャ

レンツィーニ・プロシュット

伝統的な製法をベースにアレンジした、プロシュット・ディ・ノルチャI.G.P.。塩味は非常にマイルド。写真左より18ヶ月熟成（骨付き）、18ヶ月熟成（骨なし）、最低12ヶ月熟成（骨なし）。I.G.P.認定のないプロシュット・スタジョナートもある。

写真上は、豚ロースから背肉にかけての部位を塩漬け。食塩に、砂糖、オレンジジュース、オレンジピールを加えることで、非常に甘美な香り、高い味わいに仕上げたもの。同下は、バラ肉から肩肉を使用し、塩漬けの際にバルサミコ酢、白ワインを加えたマリネ液を加え、仕上げにローズマリー、にんにく、ピンクペッパーで表面を覆って風味づけした製品。

取扱い先：㈱プログレス　アレクリア事業部／写真提供：RENZINI – Alta Norcineria e Gastronomia

Production area : B

プロシュット・ディ・サウリス
Prosciutto di Sauris I.G.P.

　塩漬けの際に、にんにくと胡椒を使う点、また燻製にかけられる点で、他地域の生ハムと大きく異なるのが、プロシュット・ディ・サリウス。

　生産地域はフリウリ＝ヴェネツィア・ジューリア州北部で、オーストリアと国境を接するウディネ県のサウリス村。標高は1212mと高所で作られている。元々は、13世紀にオーストリアのケルンテンからやってきた人々と、チロルからやってきた人々、それぞれの伝統が融合した産物と言われる。つまり、フリウリ地方の塩漬け保存、そしてドイツ式の燻製が組み合わさったのがプロシュット・ディ・サウリスだ。

　かつては農家が自家消費用に作っており、11月11日の聖マルティーノの祭りでも物々交換の商品となっていた。工場で大規模に作られるようになったのは第二次世界大戦後。プロシュット祭りのサウリス・イン・フェスタが7月に開催される。

　豚の品種は、ラージ・ホワイト種、ランドレース種、デュロック種。フリウリ＝ヴェネツィア・ジューリア州、ヴェネト州、ロンバルディア州、ピエモンテ州、エミリア＝ロマーニャ州、ウンブリア州、トスカーナ州、マルケ州、アブルッツォ州、モリーゼ州、ラツィオ州で9ヶ月齢以上15ヶ月齢以下飼育されたもので、モモ肉の重量は11kg以上。成形後、コンチャと呼ばれる塩（海塩、または岩塩、またはその混合）と胡椒、にんにくを混ぜ合わせたもので覆って燻煙にかけられる。

　燻製は、温度15〜20℃、湿度50〜90%に調整された空間で行われる。燻製小屋の外に備えられた炉でブナ（もしくはねずの木、松など当地の樹木）の薪を燃やし、その煙が床下に設えられた管を通って小屋の中に引き入れられる仕組み。燻製時間は最大72時間。燻製終了後、熟成庫に移され、最低10ヶ月熟成される。

　形状は全体に丸く、蹄はない。皮が黄金がかったくるみ色であるのが特徴。断面はピンクがかった赤色、脂肪は白もしくは薄くピンクがかった白。燻製で保存性を高めているため、塩味は薄く、マイルドで非常にデリケート。心地よい燻製香がある。I.G.P.認定は2010年。

Production area : C

プロシュット・アマトリチャーノ
Prosciutto Amatriciano I.G.P.

　生産地域は、ラツィオ州の内陸部にあるリエーティ県の標高1200mに位置する22市町村。これらの周囲のヴェリーノ谷、トロント谷で作られる豚肉加工品は、中世より物々交換の重要な商品として知られており、14世紀には領主への税として生ハムが納められていた。

　「プロシュット・アマトリチャーノ」の名称は1980年代、地元の生産者たちが統一名称として使用して以来、定着した。

　使用される豚は、ラージ・ホワイト種、ランドレース種、デュロック種のほか、イタリア原産の豚。モモ肉は洋梨型に成形後、2回に分けて塩漬けを行う。第一段階では、モモ肉をマッサージし、皮部分に海塩をすり込み、4〜6日間寝かせる。第二段階ではまず塩を取り除き、マッサージし、塩をすり込み、8〜14日間寝かせる。塩を洗い落として乾かした後、ラード、穀物粉、香辛料でスンニャトゥーラを施して、熟成庫へ。最初の塩漬けから数えて最低12ヶ月熟成させる。

　断面はピンク色から鮮やかな赤色まで個体差がある。白い脂肪のサシがマーブル状に見られる。うま味が強く、塩けは強くはない。I.G.P.認定は2011年。

Production area : a

プロシュット・ディ・チンタ・セネーゼ
Prosciutto di Cinta Senese

トスカーナ州シエーナを中心に生産されている豚の、チンタ・セネーゼを使った生ハム。チンタ・セネーゼ豚自体は、2012年にD.O.P.に認定。その生ハムはD.O.P.にもI.G.P.にも認定されていないが、希少性と味わいが注目され、取扱い業者も登場しているので、イタリアの生ハムの最後に紹介する。

チンタ・セネーゼ豚の歴史は古く、古代ローマ人により、北の白豚（マレンマ種）と、地中海沿岸に生息していた黒豚を交配させて生まれたと言われている。黒豚で、前足から背中にかけて、腹回りにぐるりと白いベルトを巻いたような縞模様が入っていることから、「チンタ・セネーゼ（シエーナのベルト）」と名付けられた。

成長が遅く生産効率が悪いことから、一時期は絶滅寸前の状況に陥ったが、シエーナの生産農家が1990年代に復活させた。100％純血の豚は、山の中で2年間放牧で育てる。行動範囲が広く、よく運動するが、前述のように成長は遅く、なかなか大きくならない。現在でも飼育頭数は少なく、"幻の豚"と称され、珍重されている。

生ハムにする場合は、粗塩に加え、香草、胡椒、にんにく、酢を塗って仕込むことが多く、熟成期間は18〜20ヶ月と長めの生産者が多い。肉は生ハムにしても締まりが良く、凝縮感のある味わい。

savigni サヴィーニ SAVIGNI

1985年に設立されたサヴィーニは、父のファウスト氏（写真右から2人目）、母のパオラ氏（同左端）、長男のニコロ氏（同右端）、次男のミレット氏（同左から2人目）が切り盛りする家族経営の生産者。チンタ・セネーゼ豚だけを使った加工肉製造（サラミは115ページで紹介）を行う、個性派の生産者だ。豚は、フィレンツェ北部に位置するパヴァナからサンブーカ・ピストイエーゼの山岳地帯で、空気のきれいな広い土地で放牧して育てる。山のどんぐりやハーブ以外には、与える餌は有機の食物のみ。チンタ・セネーゼ豚を有機で育てている点も、同社の特徴。企業としては中規模だが、チンタ・セネーゼ豚に特化していることから、トスカーナ州で飼育される全チンタ・セネーゼ豚の25〜28％をサヴィーニが占めている。

プロシュット・チンタ・セネーゼ

山岳地の農場に放牧し、有機で育てたチンタ・セネーゼ豚で作る生ハム。飼育期間は15〜16ヶ月で、170〜180kgで畜・精肉にする。塩漬け後、熟成期間は24ヶ月で、12ヶ月頃に胡椒を使用してさらに熟成させる。骨と蹄つきで、約9〜11kg。

取扱い先：サンヨーエンタープライズ㈱／写真提供：SAVIGNI

Production area : i

クラテッロ・ディ・ジベッロ
Culatello di Zibello D.O.P.

　豚のモモ肉部位を使い、塩漬けにした後、乾燥熟成させる――。製法は生ハムだが「プロシュット」とは呼ばず一線を画すのが、クラテッロだ。尻肉を指す「culo」からその名が付けられたというように、モモ肉を含む1本の肉から尻肉を取り出し、成形・塩漬け・乾燥熟成させて作る。イタリアの生ハムの"親セキ"として紹介する。

　D.O.P認定を受けた代表カクが、クラテッロ・ディ・ジベッロ。パルマの北のポー川流域の「バッサ・パルメンセ（パルマの低地）」で作られるクラテッロだ。この地域では、古くから1家に1頭は豚を飼い、寒い時期にと畜してハムやサラミを作っていた。尻肉の部位で作るクラテッロは、特に高級なハムとして、1つで豚1頭が買えるほど高く売れたという。

　現在、クラテッロ・ディ・ジベッロの生産地は、パルマ県北端のポー川に沿った、以下の8つの地域。ブッセート、ポレージネ・パルメンセ、ジベッロ、ソラーニャ、ロッカビアンカ、サン・セコンド、シッサ、コロルノ。冬は寒くて霧が濃く、夏は暑い。乾燥と湿潤の期間を交互に行えるのが、この地域の気候の特徴だ。

　使用する豚の品種は、ラージ・ホワイト、ランドレース、デュロック種。エミリア＝ロマーニャ州とロンバルディア州で生まれ、育てられた豚。飼育期間は1年以上で、体重200kg以上のものがと畜される。モモ肉から切り出した肉は、「梨」の形にトリミングされる。塩漬けには、塩のほか、胡椒、にんにく、乾燥白ワイン、硝酸ナトリウム、硝酸カリウムも使うことができる。

　塩漬け後、豚の膀胱に詰めてひもで固く縛り、13〜17℃の空気と温度交換が充分に行われる中に移し、10ヶ月以上の熟成期間を置く。この間に、特殊なカビが肉全体を覆い尽くし、独自の味わいを作り出す。ジベッロ D.O.P. は、9月〜翌年2月までの期間に仕込みを行ったもの。

　切断面は赤色、脂肪分は白。香りは強くて特徴的だが、味は甘く繊細。D.O.P. 認定は1996年。

　なお、クラテッロ・ディ・ジベッロ地域以外でも、伝統的な製法によりクラテッロは製造されているので、この章の最後にそうした製品も紹介した。

 # レボーニ　Levoni S.p.A.

1911年の創業以来、総合加工肉メーカーとして、高品質でバリエーションの多いサラミ類（108ページで紹介）や生ハム（22ページ・35ページで紹介）を製造するレボーニ。世界の60カ国以上に輸出され、高い評価を集めている。日本でも、生ハム・サラミの解禁直後から人気を集めてきた生産者だ。その同社がクラテッロ・ディ・ジベッロ地区において製造するクラテッロ。豚はエミリア＝ロマーニャ州およびロンバルディア州の自社所有農場で、協会が規定する方法に基づいて飼育されたもののみを使用。他の製品と同様に、クラテッロも加工から流通までを一貫して自社で行う。左の写真は、マントヴァ郊外のカステルッキオにある本社工場。

クラテッロ・ディ・ジベッロD.O.P.

ポー川流域の工場で作るクラテッロ。粒胡椒とともに塩漬けし、豚の膀胱に詰めたモモ肉は、ひもできつく縛り、1〜2ヶ月乾燥。その後は熟成庫を移し、ポー川流域特有の気候の中で熟成される。作り始めてから18ヶ月以上のものが出荷される。肉の断面はルビー色で、柔らかく甘い芳醇な味わい。

取扱い先：セイショウトレーディング・インコーポレーション／写真提供：Levoni S.p.A.

 モントルシ Montorsi

1880年創業と歴史を誇る、モントルシブランドのクラテッロ・ディ・ズィベッロ。ズィベッロ工場は、標高35mでポー川にも近く湿度が高い。夏の蒸し暑さと、秋から冬にかけての霧が濃くなる特徴的な気候が、クラテッロ特有の熟成を進める最適な環境になっている。原料の豚肉は、パルマ産生ハム用に育てられた豚のうち、特に大きい個体のモモ肉の中心部を使用する。熟成の最初の6ヶ月間は湿度・温度を調整した中でゆっくりと乾燥させ、6ヶ月目を過ぎると、分厚い石壁で外界と遮断され、温度変化の少ない熟成庫（カンティーナ）に移す。この熟成庫は独特の石のタイル張りで、地下水脈から湿度がタイルを通って上がってくる。さらに、近くを流れるポー川により、理想的な湿度・温度環境の中でクラテッロの熟成が進む。

クラテッロ・ディ・ズィベッロD.O.P.（限定品）

通常は、熟成10ヶ月時点でクラテッロ・ディ・ジベッロD.O.P.の認証が得られ、出荷が可能になるが、モントルシのクラテッロ・ディ・ズィベッロは、最低でも14〜15ヶ月熟成をさせてから出荷される。深い熟成感とコクが特徴だ。限定品につき、下記の取扱い先に要問い合わせ。

取扱い先：モンテ物産㈱／写真提供：Montorsi

アンティーカ・アルデンガ
Salumificio Antica Ardenga

現・社長のマッシモ・ペッツァーニ氏が設立したアンティーカ・アルデンガは、クラテッロ・ディ・ジベッロのコンソルツィオ（協会員）23社の中に名を連ねる生産者。場所は、生産地の一つであるソラーニャの町から、ポー川に向けて2kmほど進んだところ。使用する豚は、パルマ県を中心にイタリア国内で育てられたもの。飼育期間14ヶ月で約230kgになった豚のモモ肉を使用する。塩は、アドリア海のチェルビアで作られた海塩を使用。同社は小規模だが経験を積んだ職人が多く、肉の成形・塩漬け・乾燥熟成にいたるまで、全て手作業。自然なレンガ作りの熟成庫で、伝統に則ったクラテッロづくりが行われる。肉の状態によって熟成期間が微妙に異なるので、製品がピークに達したところで市場に出すようにしている。

クラテッロ・ディ・ジベッロ　D.O.P.

豚はイタリア産の豚のみを使用。塩田で知られるチェルヴィアの塩、マレーシア・サラワク産の胡椒に加え、にんにく、ハーブを用いて仕込まれる。塩漬け後は豚の膀胱に入れ、温度2.5℃、湿度92％の環境で寝かされ、その後、塩を洗って乾燥熟成に移される。熟成は16～18ヶ月。

Nebbione

ネッビオーネは、クラテッロより一回り大きい19kg以上のイタリア産豚の脚から得られた尻肉を使ったもので、アンティーカ・アルデンガ独自の製品。18ヶ月以上熟成される。

取扱い先：㈲アイランドフーズ／写真提供：Antica Ardenga

テッレ・ヴェルディ　Terre Verdi

テッレ・ヴェルディは、クラテッロ製造会社として1920年に設立。場所は、ポー川のほとりで、ジベッロ村の西隣の町・ポレージネ・パルメンサにある。オーナーであるマッシモ氏とルチアーノ氏の、スピガローリ兄弟を中心とした家族経営の会社。売上高は中規模だが、ミシュランの主な星付きレストランやイギリスの皇室が顧客であることが、同社クラテッロの品質の高さを物語っている。またクラテッロ製造に加えて2軒のレストランを経営。そのうちの1軒の『アル・カバリーノ・ビアンコ（白い馬）』では、白豚と黒豚の両方のクラテッロが食べられることもあって、人気を集めている。

クラテッロ・ジベッロ D.O.P.

自社で育てた大きな豚を使ったクラテッロ。熟成期間は18〜24ヶ月。甘くてワイン風味の香りがある。すぐにスライスして出せる皮なしタイプもある。

取扱い先：サンヨーエンタープライズ㈱／真提供：Terre Verdi

イタリアの生ハム　059

プリンチペ

Principe di San Daniele S.p.A.

1954年にトリエステで設立。フリウリ＝ヴェネツィア・ジューリアを本拠地とし、国内に6ヶ所の近代的な製造工場を持ち、現在ではサン・ダニエーレにおける生ハムのトップリーダーでもあるプリンチペ（26ページで紹介）。同社の生ハムづくりでは、サン・ダニエーレ協会の規定よりも厳しい規定で、豚の選定を行っている。そうした、厳選した豚肉を使い、同社ならではの生ハムづくりのノウハウと、サン・ダニエーレの気候を活かし、独自のクラテッロである「クラテッロ・セコロ」も製造している。

クラテッロ・セコロ

プリンチペ独自の厳しい選考基準で選んだ豚を使用し、皮付きで熟成をかけて作られる、サン・ダニエーレ産のクラテッロ。熟成期間は13ヶ月以上。香りは繊細。脂身は甘く、塩味はまろやかでエレガントな味わい。

取扱い先：㈱ティーアイトレーディング／写真提供：Principe di San Daniele S.p.A.

アウローラ　Salumificio Aurora S.R.L.

1967年、ディノ・ドディ氏とルイーザ氏の夫妻がサラミ工場を購入したのが、アウローラの始まり。現在も同じ家族によって所有されている。工場の場所は、エミリア＝ロマーニャ州のフェリーノ。パルマの南で、バガンツァ川近くにある。標高は182m、平均温度は12.2℃、平均雨量は853mm。湿気の多い土地柄を活かし、高品質で比較的リーズナブルなクラテッロづくりが行われている。

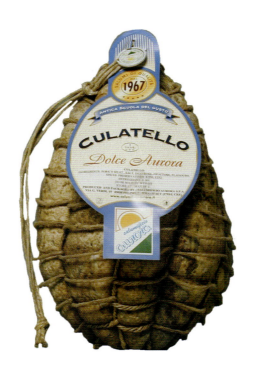

クラテッロ

成熟した豚の尻肉に塩と香辛料を揉み込んで浸透させたら、その後、豚の膀胱に入れてひもで固くしばり、乾燥熟成させたもの。この製品は、12ヶ月熟成させたもの。伝統的な皮つきのものと、作業しやすい皮なし（真空パック）がある。ともに約4kg。

取扱い先：㈱フードライナー／写真提供：Salumificio Aurora S.R.L.

RULIANO ルリアーノ　Ruliano S.p.A.

パルマ川に面したランギラーノの町から南西に6kmほどの地点にある小さな村・リアーノで、パルマ産生ハムづくりを行っているルリアーノ（28ページで紹介）。標高は600mほどの場所で栗の木の原生林から吹く風を活かし、生ハムに独自の熟成をさせるのが、同社の生ハムの特徴だ。こうした環境を活かし、伝統的なクラテッロの作り方を踏襲して塩漬け・熟成したのが「ディヴィヌス」だ。豚肉は生ハムと同様にパダーノ地域で飼育された豚の中から仕入れ先を限定し、肉質を維持したものを使用。

ルリアーノ　ディヴィヌス（クラテッロ）

パダーノ地域で育てられた豚の中から、仕入先を限定した高品質の肉を使用。伝統的なクラテッロづくりの技法で作る、パルマ産のクラテッロ。熟成期間は11ヶ月。芳醇な風味となめらかな食感。数量限定品。

取扱い先：㈱アーク／写真提供：Ruliano S.p.A.

生ハムの正しい知識を発信する

／一般社団法人　日本生ハム協会

　生ハムの、さらなる普及を目指して活動中の団体がある。(一社)日本生ハム協会だ。

　同協会は、日本において生ハムの正しい知識と取り扱い方の普及、関連する食文化の啓蒙を目的として設立された団体。

　設立は2016年。そして翌2017年11月11日、この日を『生ハムの日』として正式に活動を開始した。参加社は、2018年9月末現在で13社。主にインポーターが中心だ。

　「そもそも、『生ハム』という言葉は、日本では東京のビアガーデンから生まれたものでした」

　というのは、同協会の代表理事の桜岡盛一氏。

　売上の落ちる夏場対策として、塩漬けにして熟成させた豚肉の冷凍品を作り、「豚のルイベ」「豚のシャーベット」などの名で売っていた。当初は生の豚肉ではないかと売れなかったが、薄くスライスして「生ハム」として売り出し、人気を得たという。

　そうした中、1996年にパルマ産プロシュットが解禁された。当時の日本では、ハムといえば「ボンレスハム」「ロースハム」の時代。それに対して「プロシュット・ディ・パルマ」の名は長すぎて売りづらい。そこで「加熱していない＝生ハム」として売り出し、音感が良かったこともあり、徐々に定着し出したが、先のビアガーデンの「生ハム」の例があり、「生ハム」という用語が混乱することになった。

　このような背景があり、生ハム業界として正しい知識と取り扱い方を普及させようと立ち上がったのが、同協会というわけだ。

　具体的な活動としては、各地で行われるイタリア展やワイン展への参加や、「生ハムの日」にはイベントを実施。また、加盟各社持ち回りで生ハムのセミナーも行なう。2019年度には、試験による認定制度も行う予定だ。

　「生ハムが話題になったとはいえ、消費量では未だにロースハムには及びません。そこでレストランなどで当たり前のように食べていただくためにも、シェフにはより正しい情報を知ってもらいたいと思っています。例えば、生ハムの品質を確認する見方、より美味しい食べ方、品質を保つための扱い方などです」

　と桜岡氏。

　将来的には、大学の農学部などに働きかけ、生ハム学科も設立したいとの構想もある。

　「生ハムは細菌の働きで熟成させますから、醸造学科があるように、生ハムを学問から捉えて日本でも知識を深めて行きたい」

　こうした構想を実現するために、今後は世界生ハム協会とも連携していくという。

連絡先（加盟社持ち回りのため、下記URLで対応）
http://jcha-ham.com/

スペインの生ハム

　平成11（1999）年、農林水産省令の改正告示で、翌年より解禁になったスペイン産生ハム。それ以降、スペインバルブームの後押しも受けて人気が一気に拡大、その品質の高さと味わいが認識されるようになった。今やスペインの生ハムは、イタリアと人気を二分する勢いがある。

　スペインは、いくつかの平地以外は国土が全体にメセタと呼ばれる台地状で、平均でも600〜700m超と標高が高い。生ハム生産地は、さらに高地にあることが多く、どこも比較的寒冷であることから、イタリアとは違った生ハムづくりがなされている。
　使用される豚は、大きくセラーノ豚（白豚）と、イベリコ豚（黒豚）に分けられる。生産量の80％以上がセラーノを使った生ハムで、イベリコ豚の生ハムは20％に満たない。しかしイベリコ豚の生ハムは高品質高価格の生ハムとして、世界の美食家から高い評価を得て、スペイン産生ハムの魅力を引き上げる上で重要な位置を占めている。
　製造方法においては、まず、一部地域を除いて、皮をはがして仕込むことから、塩の浸透が早く進まないよう粗塩を使う地域が多い。
　次に、戸外より湿度が10％ほど高い地下室で熟成させ、積極的にカビ付けをする。
　さらに、イタリアと比較して長期熟成させたものが多い。冷涼な環境の中、塩をゆっくりと浸透させて熟成させるため、スペインの生ハムは最高で60ヶ月熟成のものもある。

　スペイン農水省により原産地統制呼称（D.O.）として認定されている地域は、イ

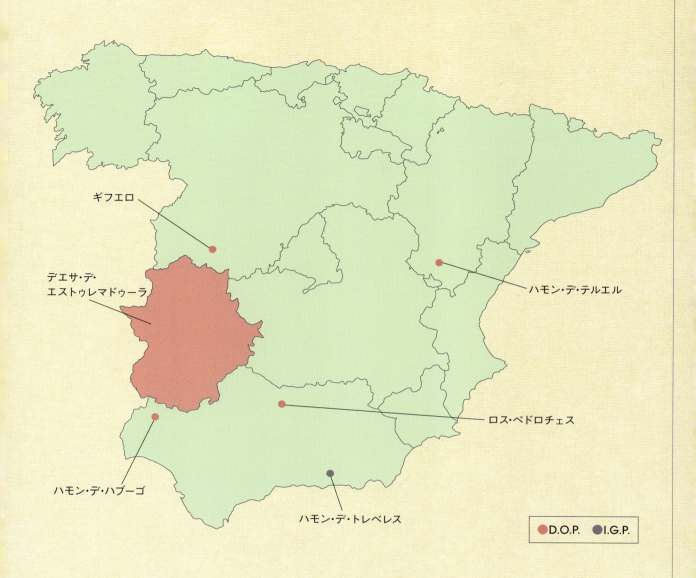

　イベリコ豚を使ったハムで4地域、セラーノ（白豚）を使ったハムで2地域ある。
　また並行して、EU（欧州連合）によるD.O.P.（保護原産地呼称）に認定されているのは5ヶ所、I.G.P.（保護地理的表示）は1ヶ所。
　さらに、上記D.O.やI.G.P.の認定地域以外に、海岸線の標高の低い地域を除く、スペイン国内全域で生ハムは作られている。例えばグラナダの高地地域でもハモン・セラーノが多く生産されている。生産地域が多いのも、スペインの特徴といえる。

　食べ方は、イタリアと異なり肉の繊維に平行して、薄刃の細長い専用ナイフを用いて手切りすることが多い。カットした生ハムは、やや厚めで小さい。どちらかというと、噛み締めて熟成した風味を味わう、という楽しみ方だ。

スペインの生ハムの基礎知識
：使用する豚の分類と呼称

　生ハムは豚の品種や育て方が、味わいに大きな影響を与える。そこでスペインにおける生ハムの基本的な知識として、品種と育て方による表示の違いを紹介する。

　スペインの生ハムは、使われる豚によって大きく2種類に分けられる。一つは「ハモン・イベリコ」で、黒豚のイベリコ豚を使った生ハム。もう一つが「ハモン・セラーノ」で、ランドレース種、ラージ・ホワイト種、デュロック種などの、大型の白豚を使った生ハムだ。
　ハモン・イベリコといえば、高級な生ハムとして認知度が高い。イベリコ豚を使ったハムが高級なのは、イベリコ豚は成長が遅く生ハムに用いられる大きさになるまでに時間がかかること。それに育て方にも手間がかかること。さらに、生ハム製造過程においては、セラーノよりも時間をかけること。このためスペインにおいて、イベリコ豚を使った生ハムは、生ハム生産量の20％程度しかない。当然、希少価値が高くなるわけだ。
　しかも、そのイベリコ豚の生ハムにも等級があり、希少価値は違ってくる。

　スペインにおいては、以下の通り「イベリコ豚製品の品質に関する規定」が2014年1月12日に発効され。A、B、Cの3つの項目により規定されている。

A. 製品の種類による呼称（加工品の場合）
　ハモン JAMÓN …豚の後脚のモモ肉を熟成させて作られる。
　パレタ PALETA …豚の前脚の肩肉を熟成させて作られる。
　ロモ LOMO（カニャ・デ・ロモ、又はロモ・エンブチャードも可）…豚の脊柱ならび胸郭添い、または腰部や胸部の細長い筋肉（ロイン）に味付けし、腸詰にし、熟成させて作られる。

B. 餌・飼育法による呼称
●デ・ベジョータ DE BELLOTA
　デエサで放牧中、ベジョータ（ドングリ）、草、その他の自然の産物のみを食べ、その後、他の補完飼料を与えられることなくと畜された豚。
　モンタネーラ（放牧）が10月1日から12月15日までの期間に開始され、と畜は12月15日から3月31日までの間に行われること。
　農場内の密度は、1ha当たり2頭を超えないこと。

　　　　　デエサ（Dehesa）：イベリコ豚を放牧するための、ドングリの木の生えている森林。
　　　　　モンタネーラ（Montanera）：イベリコ豚をデエサに放牧し、ドングリで肥育させる期間。

重量と月齢に関する条件：
・モンタネーラ開始時のロットの平均体重は、92kgから115kgであること。
・60日以上のモンタネーラで体重が最低46キロ増加していること。
・と畜時の最低月齢は14ヶ月。
・枝肉個体の最低重量は115kg、ただし100％イベリコ豚の場合は108kg。

●デ・セボ・デ・カンポ　DE CEBO DE CAMPO
　デエサで放牧され、ベジョータ（ドングリ）、草、その他の自然の産物を食べ、穀類・豆類を主原料とした他の補完飼料も与えられ、屋外、もしくは部分的に屋根のついた農場で飼育された豚であること。
　この農場は、1頭当たり最低100㎡以上の広さ（110kg以上の豚の場合）の面積がなければならない。
　と畜に先立つ、上記条件を満たす屋外農場での飼育期間は、最低60日。と畜最低月齢は12ヶ月。枝肉個体の最低重量は115kg、ただし100％イベリコ種の場合は108kg。

●デ・セボ DE CEBO
　穀類・豆類を主原料とした飼料を与えられ、1頭あたり最低2㎡(体重110kg以上の豚の場合)の面積のある農場で飼育された豚。
　と畜時の最低月例は10ヶ月。枝肉個体の最低重量は115kg、ただし、100％イベリコの場合は108kg。

C. 血統による呼称
　イベリコ種の割合が何パーセントかを、ラベルに表示することが義務付けられる。「イベリコ」という呼称を使えるのは50％以上イベリコの血統の豚である。なお血統についての正当性は、メサ・イベリコ委員会が決定する。
● 75％イベリコとは、
　　母豚（100％イベリコ）×父豚（00％イベリコ母豚×100％デュロック父豚）
● 50％イベリコとは、
　　母豚（100％イベリコ）×父豚（100％デュロック）

製品の識別
イベリコ豚の生ハムには、品質の識別とトレーサビリティのためのタグが付けられている。
黒の認識タグ：デ・ベジョータで育てられた100％純血のイベリコ豚の生ハム。
赤の認識タグ：デ・ベジョータで育てられた、100％純血以外の血統のイベリコ豚のハム。
緑の認識タグ：デ・セボ・デ・カンポで育てられた、100％純血以外の血統のイベリコ豚のハム。
白の認識タグ：デ・セボで育てられた、100％純血以外の血統のイベリコ豚のハム。

Production area

ギフエロ
Guijuelo D.O./Guijuelo D.O.P.

　カスティーリャ・イ・レオン州サラマンカ県の町・ギフエロは、ポルトガル国境に近く、スペインの生ハム生産地の最北に位置する。ギフエロの町の北に位置するサマランカ市から下ると、手前が古い生産者、その奥が新しい生産者や古い生産者の新工場と、地域で建っている建物はほとんどがボデガ（生ハム熟成庫）という生産者密集地帯。
　これは、ギフエロでは豚肉製品の流通が16世紀と早くから始まり、19世紀後期のと畜場建設を機に工場が増え、イベリコ豚製品の生産が一気に拡大したためでもある。
　D.O.（D.O.P.）名称はギフエロだが、生産地はギフエロの町だけでない。ギフエロに加え、その周辺地域も含まれ、レドラダ、ミランダ・デル・カスタニャル、ベハル、ソトセラノ、フラデス・デ・ラ・シエラ、タマメスなど77ヶ所。これらの地域で、スペイン国内のイベリコハムの生産量の、約60％もの量が生産されている。スペインで最も有名なD.O.とされる所以でもある。
　現地の標高は約1000〜1100m。比較的乾燥した地域で、夏はあまり暑くなく冬は寒い。シエラ・デ・グレドスから吹いてくる涼しく乾燥した気候で塩がゆっくりと馴染むため、生ハムの塩分は比較的控えめで甘みがある。
　使用される豚は、100％イベリコ種、あるいは交雑種（75％イベリコ種＋25％デュロック種）。
　塩漬け期間は、モモ肉の重量1kgにつき1日が目安。
　完成した生ハムは、形が良く細長い。食感は繊維を少し感じるが、柔らか。比較的酸味のきいた、おとなしく優しい味わい。特徴的で心地よいアロマがある。
　D.O.認定は1986年。

アルトゥーロ・サンチェス
Arturo Sánchez e Hijos S.L.

100年を超え3代続く歴史を持つイベリコハムメーカーで、ギフエロで最も北にある。工場は標高約1000mの高所に位置し、また南方のグレドス山脈からは冷たい自然の風が吹くため、夏は涼しく冬寒い。1年を通して乾燥した中で生ハムづくりが行われている。スペインでも最高級品の生ハムとの評価される同社の製品は、星付きレストランの「ムガリッツ」(バスク州)や高級デリカテッセンでのみ用いられている。その最も大きな特徴は、同社独自にモンタネーラを2回行った豚を使うことに加え、原木で4～5年の熟成を行うこと。しかもその間、作業のすべては熟練の職人による手作業で行われ空調も使わない。これらのことから、非常に濃縮された深い味わいがあり、脂肪は甘みのあるナッティな香り。100%イベリコ豚に加え、75%イベリコ豚と、50%イベリコ豚の生ハムに、サラミも生産している(121ページで紹介)。

ハモン・純血イベリコ・ベジョータ・グランレセルバ（原木）
48～60ヶ月熟成

同社が用いるイベリコの豚は、バダホス県の南部に位置するセビージャのシエラ・ノルテで、同社が信頼を寄せるデエサで育てられる。2回のモンタネーラを行った100%純血のイベリコ豚を使い、最高5年の熟成を行った、同社最高級の生ハム。非常に濃縮された深いコクと味わい。このほか、40～50ヶ月熟成のもの、イベリコ50%のセボ・デ・カンポの36ヶ月熟成もある。

取扱い先：兵庫通商㈱ THE STORY事業部／写真提供：Arturo Sánchez e Hijos S.L.

カルディサン　Cardisán,S.L.

親子2代の家族経営でイベリコハムを製造するメーカー。元々の創業は古く、1898年。サラマンカ・ギフエロで、イベリコハムとエンブティード（腸詰め製品）を製造し続けてきた。1986年、現在のカルディサン社が分家し、2003年から新規工場を作って製造を開始。会社は小規模な部類に入るが、その分、工程の一つ一つを確認しながら作業できる利点を活かし、丁寧なハムづくりで評価を高めている。イベリコ豚は、アンダルシア州とエストゥレマドゥーラ州の2ヶ所の農場から直接目で見て買い付け。脂ののった、比較的大きめの個体を選ぶ。塩漬けは、湿度の調整がしやすく漬け込み時の塩けの微調整ができるよう、ボデガの床に直置きする。塩漬け期間は短めで、熟成は逆に長期間取り、肉の持ち味を引き出すようにしている。ベジョータ、セボ・デ・カンポなどの最低熟成月数は36ヶ月以上。

イベリコ・ベジョータ

100％イベリコ種の豚を使い、14～16ヶ月の肥育期間中の最後の12月から4月初頭にかけては、デエサの天然ドングリを食べて約160kgまで育てる。塩漬け期間が比較的短いのが同社の特徴で、熟成期間は最低36ヶ月。脂身は甘く、赤身は力強い味わい。

イベリコ・セボ・デ・カンポ

75％イベリコ豚と25％デュロック豚をかけ合わせた豚を使った生ハムで、ベジョータの次にランクされる。ベジョータ用の豚の後に放牧されるため、食べるドングリの量は減り、その分、ナッツの香りは弱いが、手頃な価格でイベリコ豚の味わいを楽しめるのが魅力。熟成期間は最低36ヶ月。

ハモン・イベリコ・ベジョータとハモン・イベリコ・セボ・デ・カンポのスライスパック。スペインにて生ハムカットのプロにより、ナイフで1枚ずつカットし、真空パックで原木から切りたての美味しさを保つ。それぞれ100gと50gの使いきりにも便利な2サイズを用意。

取扱い先：㈱ディバース／写真提供：Cardisán,S.L.

ホセリート CARNICAS JOSELITO, S.A.

その質の高さと洗練された味わいなどから、ヨーロッパの高級車にもたとえられるスペイン最高級の生ハム。同社はスペイン中西部のサラマンカ郊外のギフエロに、1860年にユージン・ゴメス氏により創立された老舗の生ハムメーカー。工場は、ギフエロでも生ハムの熟成に適した冷涼で湿度の低い、標高1000mの場所にある。豚は17万ha以上もの自社所有デエサで放牧し、と畜の時期を、ドングリを食べて体重を増やすモンタネラ終盤〜直後の1月〜3月の90日間に限定。出荷数は少なくなるが、脂ののりや肉質が最高の状態のものを生ハムに使う。生ハムの製法に関しては、創業当時から受け継がれている伝統的な手法と職人の手によって行われる。現社長で4代目のホセ・ゴメス氏（写真左）は、2017年にはスペインの王立料理学会から、「スペインのハムの食文化への普及」に対する貢献によって特別賞を受賞している。

ハモン・イベリコ・グランレゼルバ　骨付き

デエサの管理、種豚の飼育から生ハムの熟成まで、一貫して全工程を自社管理している、同社最高品質の生ハムで、世界の著名料理人から「世界一のハモン・イベリコ」と讃えられる。熟成期間は36ヶ月以上。上品で繊細な味わい。ほんのり甘く、ビロードのような滑らかさ。

取扱い先：㈱アルカン／写真提供：CARNICAS JOSELITO, S.A.

フリアン・マルティン
Julian Martin, S.A.

サラマンカで1933年に設立。ギフエロ地区の中央の市街地に位置する、家族経営のイベリコ豚肉加工生産者。同社では、ベジョータからセボ、自然乾燥熟成から機械管理による熟成、熟成期間、放牧から豚舎での肥育、ドングリから穀類の飼料、100％血統から50％血統など、それぞれの品質決定要因における幅広い品質のイベリコ豚加工品を安定して生産。日本では㈱コダマが、75％血統のイベリコ・デ・セボから100％血統のベジョータまでに限定し、熟成期間は24ヶ月から36ヶ月までを輸入している。スペインでは百貨店エル・コルテ・イングレスや、同社のデリカテッセン直営店で販売。同社のイベリコ豚肉加工品は品質に高い評価を受けている。サラミ類も製造している（130ページで紹介）。

ハモンイベリコ・デ・ベジョータ（100％血統）36か月熟成

ハモンイベリコ・デ・ベジョータ（75％血統）30か月熟成

血統・育成方法・熟成期間で分けた、各種イベリコ豚の生ハム3種。100％イベリコ豚種のモモ肉は36ヶ月熟成。奥深い風味と柔らかな食感。75％血統のイベリコ豚は30ヶ月熟成。豚舎で穀物肥育したセボは、24ヶ月熟成に。比較的しっかりとした重厚な食感と、強いうま味。

ハモンイベリコ・デ・セボ（75％血統）24か月熟成

取扱い先：㈱コダマ／写真提供：Julian Martin, S.A.

モンタラス MONTARAZ

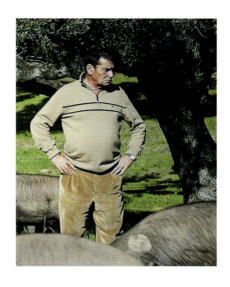

創業は1880年代。サラマンカで4代・100年以上続く老舗の生ハム生産者。創業当時より伝統的な塩漬け、天然乾燥室での長期熟成を大切にし、手づくりを貫いてきた。現社長で4代目。世代が変わる中で、継続的に技術革新を進めてきており、現在、工場はサラマンカ市街地から東に30kmほどのところで、道路は1本しか通っていない見渡す限りの草原地にある。同工場は1万9000㎡もの広大な敷地を持ち、ここでと畜、解体、乾燥と、一貫した製造工程を行っている。塩はバレンシア州トレビエハ産の天然塩。冷涼な気候の中での熟成で、塩味がやわらかに仕上がる。

ハモンイベリコ

同社専用のデエサで放牧され、モンタネーラによる肥育を経たイベリコ豚を使用。36ヶ月以上熟成を行ったイベリコハム。保存料、発色剤を使わないナチュラル製法。脂肪のバランスに優れており、口に入れた途端、脂肪が口の中でとろける。豚肉本来のうま味を感じる。柔らかな塩味。

取扱い先:㈱サス／写真提供:MONTARAZ

レドンド・イグレシアス
REDONDO IGLESIAS S.A.U.

1920年以来、家族経営で伝統的な生ハムづくりに取り組んできたメーカー。イベリコ豚専用とセラーノ豚専用の工場を持つ。イベリコ豚の工場は、ギフエロ市街地から南に20kmほどの所にある、海抜1300mのカンデラリオ村北部の自然公園の中。豊かな植生と独自の環境が、イベリコハムの製造に適している。同社の特徴は最先端の技術を取り入れながらも、伝統的な手法を大事にして非常に長期間の熟成を行うところにあり、それはこの工場の環境が可能にしている。一方のセラーノ豚用工場は、スペイン東部のバレンシア州ウティエルにある。この工場は海抜約900mの場所で、乾燥した気候が生ハムの熟成に個性を与えている。製品は国際市場にも積極的に出荷しており、海外での評価も高い。

ハモン・イベリコ・デ・ベジョータ

エストゥレマドゥーラの最高のデエサで放牧されたイベリコ豚を使用。カンデラリオ村の海抜1300mのところにある工場で、塩分の使用は控えめにして、48ヶ月以上かけてゆっくりと熟成させた。繊細な香り。同社最高級の生ハム。

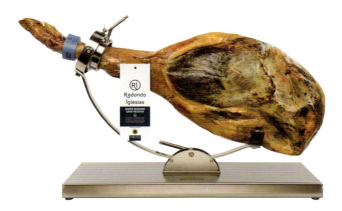

ハモン・セラーノ

塩分を控えて、伝統的な製品規格による熟成期間を3ヶ月以上上回る18ヶ月以上の熟成を行ったハモン・セラーノ。骨抜きタイプもある。IFS（International Food Standard）認証も受けており、全世界に出荷している。

取扱い先：白井松新薬㈱ 食品課／写真提供：REDONDO IGLESIAS S.A.U.

Production area

ハモン・デ・ハブーゴ
（旧ハモン・デ・ウエルバ）
Jamón de Jabugo D.O./Jamón de Jabugo D.O.P.

　生ハムの名産地として名高い、ハブーゴ村を含む認定地域。かつては「ハモン・デ・ウエルバ」の名称だったが、2015年にD.O.名を「ハブーゴ」として改称申請し、2017年3月に改称された。

　生産地域は、イベリア半島南部のアンダルシア州の西端に位置するウエルバ県の北部、シエラ・デ・ウエルバの31ヶ所が認定地域（※）。イベリコハムのD.O.認定地では最も南の地域で、生産地の海抜は約500～1000m。1日の中でも気温の変化が激しく、冬場の厳しい寒さに対して夏場は非常に高温となることから、熟成期間中に脂が流れて塩が早く染み、熟成が速い。

　また同地のデエサは、エグ味の強いコルク樫の比率が高いのが特徴。このドングリを食べた豚の肉は、暑い夏の熟成期間を経るとパンチの利いた味わいになる。

　同地は歴史的に生ハムづくりが盛んだったことも知られていて、資料も残っている。豚の飼料となるドングリを保護するための1200年代初めの法令、ハブーゴ村ではイベリコハム生産者の初めての会社が1700年頃に設立された資料などだ。

　使用する豚は、100％イベリア種、あるいは交雑種（75％イベリア種＋25％デュロック種）。最低月齢が14ヶ月。

　塩漬け期間は、モモ肉重量1kgにつき1日が目安。熟成期間は、7kg以下の場合は600日（20ヶ月）以上。7kg以上では730日（24ヶ月）以上。

　完成した生ハムの形は美しく、独特。味わいは繊細で少し甘みがあり、塩けは少ない。繊維を少し感じるがとろける食感。特徴的で心地よいアロマがある。

　D.O.認定は1995年認定（当時はハモン・デ・ウエルバ）。

（※）
アラハル、アルモナステール・ラ・レアル、アラセナ、アロチェ、アロヨモリーノス・デ・レオン、カラ、カンオイフリオ、カニャベラル・デ・レオン、カスターニョ・デル・ロブレド、コルテコンセプシオン、コルテガナ、コルテラソル、クンブレス・デ・エンメディオ、クンブレス・デ・サン・バルトロ、クンブレス・マヨレス、エンシナソラ、フエンテエリドス、ガラロサ、ラ・グラナダ・デ・リオ・ティント、イゲラ・デ・ラ・シエラ、イノハレス、ハブーゴ、リナレス・デ・ラ・シエラ、ロス・マリネス、ラ・ナバ、プエルト・モラル、ロサル・デ・ラ・フロンテラ、サンタ・アナ・ラ・レアル、サンタ・オラージャ・デル・カラ、バルデラルコ、スフレ。

コンソルシオ・デ・ハブーゴ
CONSORCIO DE JABUGO S.A.

名産地「ハブーゴ」の名を冠した、コンソルシオ・デ・ハブーゴ社（社長はフリオ・レビージャ氏）は、1990年代の設立以来、イベリコ豚を使った最高級の生ハムを製造してきた会社。同社は、同じウエルバ県内に4万5000haもの広大な土地を有して、自然に近いストレスフリーの環境の中でイベリコ豚を放牧し、と畜前の8ヶ月ほどの期間にドングリで肥育させる。衛生管理の整った工場は、ハブーゴ村の中でも海抜700mという立地条件を活かし、冬の冷たい北風と夏の穏やかな気候を受けながら、職人の手によって塩漬けから熟成までを行う。豊かな自然環境の中で、豚から原木の生産までを一貫して生産できるのが特徴だ。

ハモン・イベリコ・デ・ベジョータ

100％純血種のイベリコ豚をハブーゴ村の専用の森に放牧し、規定の体重に達するまでドングリで肥育した、本場・ハブーゴ村のイベリコ・ベジョータの生ハム。熟成期間は26～36ヶ月。

取扱い先：㈱ダイヤモンドスター／写真提供：CONSORCIO DE JABUGO S.A.

イベリベリコ Iberiberico

コンソル・ハブーゴ社のブランド、イベリベリコ。その名からも連想できる通り、イベリコ豚製品の専門ブランドである。「イベリコハムの聖地」とも言われるハブーゴ村で作られるイベリコ・ベジョータ製品がメインアイテム。イベリコ豚の飼育は、契約農場にて自社社員の管理のもと、種から飼・肥育管理まで行われている。農場は、ウエルバ県からエストゥレマドゥーラ州に広がるデエサで行われている。イベリコ・ベジョータ製品は、ハブーゴ村の豊かな自然の恩恵を受け、伝統的な職人の技により熟成させる。充実した設備を持つグループ会社の強みを活かし、ベジョータ製品以外にも、セボの生ハムや腸詰など、より手軽なイベリコ製品も提供している。

ハモン・イベリコ・デ・ベジョータ

イベリベリコ社が遺伝子から管理している100％純血イベリコ種の豚をデエサで自然放牧で育て、生ハムに仕立てた最高級品。熟成期間は26ヶ月以上。ナッツのような風味とリッチな味わい。同製品以外に、イベリコ種50％以上の豚を使い、20ヶ月以上熟成させたハモン・イベリコ・デ・セボも扱っている。

取扱い先：㈱協同インターナショナル　食品部／写真提供：Iberiberico

サンチェス・ロメロ・カルバハル
Sanchez Romero Carvajal

1879年創業のサンチェス・ロメロ・カルバハル社は、ハブーゴ村の伝統製法で作る同社最高級ブランドの「5J（Cinco Jotas シンコ・ホタス）」のイベリコハムで有名な、スペイン最大手の生ハムメーカー。Jotasは生ハムの品質を表す等級とされ、いわゆる「5つ星」のこと。100％純血種のイベリコ・ベジョータから厳選した肉を用い、ハブーゴ村の環境下、伝統製法と職人の技で作られる。スペイン国内でも"美味しい生ハム"として、多くの食通の憧れの的とされる有名ブランドだ。スペイン王室でも愛用されるほどで、「世界一美味しいハモン・イベリコ」という評価をされることが多い。本社工場は、創業当時から続く歴史を感じさせる建物。海抜600mの山間部に位置し、昼夜の寒暖差が激しいことから、乾燥熟成された生ハムは味わいが濃厚になる。現在は最新設備を導入した工場を併設し、製造を行う。

5J（シンコホタス） イベリコベジョータ 36ヶ月熟成

100％純血種のイベリコ豚は、12〜18ヶ月デエサで放牧され、ドングリなどを食べながら最終的には160〜180kgになったものをと畜・解体する。塩漬けは床にベタ置きにして、15〜20日間。その後、乾燥室に6〜12ヶ月間入れ、水分を抜きながら肉全体に塩を馴染ませる。熟成庫では24〜36ヶ月間。"芸術"とまで評される、豊かな風味と上品な甘み。同社最高級ブランドだけに、ファスナーのついた高級感あふれる黒の布に包装されてくる（中は真空パック）。

取扱い先：㈱メルクマール／写真提供：Sanchez Romero Carvajal

Production area

デエサ・デ・エストゥレマドゥーラ
Dehesa de Extremadura D.O./Dehesa de Extremadura D.O.P.

　西を国境でポルトガルと接し、北はトレド山脈、南はシエラ・モレナ山脈に挟まれたエリア。すなわちエストゥレマドゥーラ州のほぼ全域が認定地域となっていて、同州を二分する北のバダホス県の77ヶ所、南のカセレス県の45ヶ所の、海抜400メートルの地域が生産エリアである。

　同地のデエサは、D.O.認定地域の中で最大の面積を誇り、ヨーロッパのなかでも貴重な生態系が残っている。その広さに加えて質の良さでも知られる。このため生ハムの生産地だけでなく、他地域の生ハムのためのイベリコ豚の生産地としての存在感がひときわ大きいのが、デエサ・デ・エストゥレマドゥーラの特徴といえる。

　こうしたデエサを持つ地域のため、使用される豚は同州内のみで飼育されたものに限られ、途中で他地域で飼育された場合は、認定を受けられない。品種は100％イベリコ種、あるいは交雑種（75％イベリコ種＋25％デュロック種）。

　塩漬けは、モモ肉の重量1kgにつき1日を目安とする。

　完成した生ハムは、外見は細長く、なめらか。皮にV字のカットが施されている。食感には繊維を少し感じる。味わいは繊細で甘みがあり、塩けは少ない。特徴的で心地よいアロマが感じられる。

　乾燥していて穏やかな気候だが、夏場は暑いデエサ・デ・エストゥレマドゥーラ。こうした気候の影響により、塩けはギフエロに比較して若干強くなる。中間的な味わいで、後味が長いのが特徴。

　D.O.認定は1990年。D.O.P.認定は1996年。

 # マルティネス JAMONES MARTINEZ

マルティネスは1960年に設立。現在は、3代目で女性のチェロ・マルティネス氏がオーナーを務める。同社は、スペイン国内に2箇所の生産拠点を持つ生ハム・サラミメーカー。一つはアンダルシア地方のハエン、もう一つはエストゥレマドゥーラ地方でポルトガル国境近くに位置するバダホスにある。セラーノ豚を中心に扱うメーカーで、豚は品質管理に関するEUの規制に則って育てられた豚の中から、同社独自の基準を設けて厳選したものを使う。塩漬け後は、温度・湿度ともに調整された熟成庫に入れ、自然環境と同じ条件を保った中で、安定した熟成を行っている。

ハモン・セラーノ・レセルバ

赤身の部分は、薄いピンク色から紫がかった赤色。舌触りは繊維質が少なく、ジューシーでほどよい噛み応えを感じさせる。熟成期間中に、香りが濃くなる物質が多く生成され、ハムを飲み込んだ後も口の中に芳醇な香りが残る。塩味、甘みのバランスが良い。レセルバの熟成期間は12〜15ヶ月。写真左は骨付き、同右は骨なし。

取扱い先:㈱サス／写真提供:JAMONES MARTINEZ

モンテサーノ
Montesano Extremadura, S.A.

アフリカ大陸西の大西洋に浮かぶスペイン領・カナリア諸島のテネリフェ島で、1964年に生ハムメーカーとして創業。1992年、エストゥレマドゥーラ南部のバダホス県でイベリコ豚専門の工場を保有。この工場は県都であるバダホスから南に70kmほど離れたヘレス・デ・ロス・カバジェロスにある。標高は500mほどとスペインの生産地の中では比較的低い。乾燥していて寒暖差が激しく、冬寒く、夏は40℃にもなるほどだ。スペイン国内での生ハム生産者としての規模は中の上ほどだが、エストゥレマドゥーラのメーカーということもあってハモン・イベリコの生産量割合は多く、イベリコ豚を使った生ハムの生産量では国内5指に入る。2010年以降、エストゥレマドゥーラ地区に自社農場を持ち（写真左上）、豚の繁殖からと畜、解体、製造、保管と、自社で一貫生産できる体制を取っている。

ハモン・イベリコ・ベジョタ（骨付）

164kg以上でと畜した豚は、粗い海塩で塩漬け。大型のコンテナで肉の重さ1kg当たり0.8日を目安に塩漬けする。その後、エアコンと窓の開け締めで温度と湿度管理する工場内にて乾燥させたら、地下の熟成庫へ移動。生ハムの重さにより、ベジョタは36〜48ヶ月、セボは24〜36ヶ月の熟成、セラーノは18ヶ月以上の熟成を行う。ベジョタは脂身が甘く、とろけるような舌触り。赤身はコクがあって深い味わい。骨抜きタイプもあり。

取扱い先：㈲ニューワールドトレーディング／写真提供：Montesano Extremadura, S.A.

Production area

ロス・ペドローチェス
Los Pedroches D.O./Los Pedroches D.O.P.

　アンダルシア州コルドバ県の北にある、バジェ・デ・ロス・ペドローチェスで生産されている。この地域にはデエサが広がっており、ドングリを飼料とした家畜の飼育など、古くからその生態系を利用した農業が盛んに行われてきた。

　具体的なエリアは、コルドバの25ヶ所（※）、アダムス、オルナチェーロス、モントロ、オベホ、ポサーダス、ビジャアルタ、ビジャビシオサの標高300m以上の所。工場のある地域の海抜は約500～800mで、夏場には40℃を超える暑さになる。

　使用される豚は、100％イベリコ種、あるいは交雑種（75％イベリコ種＋25％デュロック種）。他地域と比較して、純血種の豚の比率が高いのが、ロス・ペドローチェスの特徴である。塩漬け期間は、モモ肉の重量1kgにつき0.7～1.2日。

　完成した生ハムは細長くなめらかで、V字カットされた皮が特徴。食感は繊維を少し感じる。味は繊細で少し甘みがあり、塩けは少ない。心地よいアロマがある。同地域のデエサの特徴として、コルク樫はほとんどないこと。そのため、そこでモンタネラを行った豚の生ハムは、あっさりとした非常にバランスの良い、幅広いニュアンスに仕上がる。

　D.O.認定は4つの地域内では2010年と最も新しい。

（※）
アルカラセホス、アニョラ、ベラルカサル、ベルメス、ロス・ブラスケス、カルデーニャ、コンキスタ、ドス・トーレス、エスピエル、フエンテ・ラ・ランチャ、フエンテ・オベフナ、ラ・グランフエラ、エル・ギホ、イノホサ・デル・ドゥケ、ペドロチェ、ペニャロヤ＝プエブロヌエボ、ポソブランコ、サンタ・エウフェミア、トレカンポ、バレスキージョ、ビジャヌエバ・デ・コルドバ、ビジャヌエバ・デル・ドゥケ、ビジャヌエバ・デル・レイ、ビジャラルト、エル・ビソ。

エルマノス・ロドリゲス・バルバンチョ
Hermanoz Rodriguez Barbancho S.L.

1970年に設立された、家族経営の生ハムメーカー。工場は、アンダルシア州・コルドバにある。使用する豚は、その工場のあるコルドバより30kmほど北に、東西100kmほどに広がる「ペドロケス谷」の豊かな自然の中で育てられたイベリコ豚を選別。伝統的な職人の手法に、最新のテクノロジーを融合させた技法で丁寧に塩漬けを行い、乾燥熟成する。同社製品は、魅惑的な香りと甘美な味わいをイメージさせるブランドとして、Iberico（イベリコ豚）＋ Dulce（甘美）を組み合わせた「iBeDUL（イベドゥル）」のブランドで、販売展開を行っている。

ハモン・セラーノ 骨付き（後脚）
スペインで日常的に楽しまれているセラーノ豚を使用した生ハム。熟成期間は14～16ヶ月。しっかりとした肉質、ピュアな味わい。

ハモン・イベリコ・ベジョータ 骨付き（後脚）
豊かな自然の「ペドロケス谷」で育てられたイベリコ・ベジョータのモモ肉を使用。熟成期間は30～36ヶ月。赤身と脂身のバランスが非常に良く、繊細な味わい。

ハモン・イベリコ・セボ 骨付き（後脚）
ドングリと合わせて、一時的に飼料でも育てたイベリコ豚を使用。熟成期間は24～28ヶ月。やさしく、まろやかな味わい。

取扱い先：㈱ティーアイトレーディング／写真提供：Hermanoz Rodriguez Barbancho S.L.

`Production area`

ハモン・デ・テルエル
Jamón de Teruel D.O./Jamón de Teruel D.O.P.

　セラーノ（白豚）の生ハムは、スペイン全土で作られている中、質の高いセラーノの生ハムを作るメーカーが多く、セラーノ豚の生ハムでは初のD.O.P.認定を受けて知名度も高いエリアが、ハモン・デ・テルエルだ。またこの域内は、大手生産者が比較的多いことでも知られる。

　場所は、スペイン中央東部のアラゴン州のテルエル県シエラ・デ・ウエルバの31ヶ所。その中でも製造エリアは、海抜800m以上の地域に限定される。この地域は夏が短く冬が長いのが特徴で、しかも冬は氷点下になる厳しい寒さが続く。また一年を通して、比較的乾燥している。こうした気候が豚肉の熟成を促し、良質の生ハムづくりに適している。

　使用する豚は、父豚はランドレース種かデュロック種100％、母豚はランドレース種かラージ・ホワイト種、または両者の交雑種で、これらの父豚と母豚から生まれた豚。テルエル県内で生まれ、飼育されたもの。飼育に当たっては、D.O.が認定した工場で作られた飼料が用いられる。

　飼育期間は8ヶ月以上、体重115～130kgの豚で、第4アバラ骨の脂身層が4～7cmの肉のみが用いられる。解体後のモモ肉の重量は11.5kg以上のもの。

　生産は、全てD.O.に登録されたテルエル県内の工場で行われる。「ハモン・デ・テルエル」を名乗るためには、熟成期間は、15カ月以上が必要だ。

　完成した生ハムは、他地域のセラーノハムと比べても大型なのがこの地域の特徴。V字形にカットされた皮と、蹄がついている。味は繊細で塩けは少ない。

　D.O.認定は、国内最初の1984年。

`Production area`

ハモン・デ・トレベレス

Jamón de Trevélez D.O./Jamón de Trevélez I.G.P.

　ハモン・デ・トレベレスは、セラーノ（白豚）で作る生ハム。
　その名に冠されているように、生産地はアンダルシア州グラナダ県に位置するトレベレス村を中心とする地域。具体的な生産エリアは、グラナダ州のトレベレス、フビレス、ブスキスタル、ポルトゥゴス、ラ・タア、ブビオン、カピレイラ、ベルチュレスの市町村で、標高1200m以上のところ。シエラネバダ国立公園内になる。
　上記地域は、アルプハラ地区として知られてきた。アルプハラ地区は、3000mを越える高い山々が続くシエラネバダ山脈の中腹。レコンキスタの時代に、カトリック教徒から逃れてきたイスラム教徒が、追っ手が入って来れないようにと山深い場所に村作った村が点在する。生ハムは、その一帯の名物とされてきた。
　トレベレスの生ハムの名が一躍有名になったのは、1862年10月10日。グラナダで地元の最高品質の製品の展示会が行われた折、スペイン王妃イザベラ二世がトレベレスの生ハムの味わいの良さに驚き、王家紋章の使用を許可したことに始まる。そして同世紀には、多くの作家がトレベレスの生ハムの美味しさを作品の中で讃えている。
　生ハムが製造できる会社は、協会に登録されている地域内の企業のみ。山に囲まれていて寒暖の差が激しく、空気は澄んでいて、他地域ではできない味わいの生ハムが作れるのが、同地の特徴。
　ただ、豚の飼育には適さないため、原料の肉は他の地域（カタルーニャ州やムルシア州）から仕入れ、現地の品質統制委員会がチェックする。飼育から関われないものの、自社で納得の行く豚を仕入れることができるという利点がある。
　使用される豚は、ランドレース、ラージ・ホワイト、デュロックの交配品種。で、野菜飼料で飼育されたもの。モモ肉は、12.3kg未満で脂肪層が1cm以上、12.3〜13.5kgで1.5cm以上、13.5kg以上で2cm以上のものが生ハムの製造に用いられる。完成した生ハムは、丸みを帯びた形。肉はやや薄い赤色。脂肪はジューシーで心地好い風味。
　品質の維持は、1989年に設立されたトレベレス生産協会が担っている。I.G.P.認定は2005年。

アントニオ・アルバレス
ANTONIO ALVAREZ JAMONES S.L.

ハモン・デ・トレベレスの中でも、重量と熟成期間の優れた最高ランクのものには、トレベレス生産協会が承認する「Tradicion1862」ブランドで販売することが許されている。このブランドは、1862年にトレベレスの生ハムを食べたスペイン女王イサベル2世が、その美味しさに感嘆し、製品に王家紋章の使用を許したことに由来する、由緒あるものだ。その生産者協会の会長を務め、協会内で最大の生産量を誇るのが、アントニオ・アルバレス社（現社長は、父親の後を継いだフランシスコ・アルバレス氏）。豚肉は、カタルーニャ州やムルシア州で育てられた中から、サイズ・形が良く脂がのっている雌豚から厳選。さらにトレベレス品質統制委員会による厳しいチェックが行われ、合格したものだけを用いる。その製品はヨーロッパの食品コンクールでも高く評価され、さまざまな賞を受賞している。

ハモン・デ・トレベレス
「Tradicion 1862」骨付き

原料は、雌豚のモモ肉と地中海の海塩だけ。塩漬けは、塩分調整が可能な床置きスタイルで行う。「Tradicion 1862」ブランドは添加物・保存料を一切使用せず、20ヶ月以上の時間をかけて自然熟成した生ハムに使用が許される。現地の職人により厳選されたプレミアム商品。黒タグが目印。1本7.5〜9kgで、ボンレスタイプもある。

取扱い先：㈱ダイヤモンドスター／写真提供：ANTONIO ALVAREZ JAMONES S.L.

フビレス Jamones de Juviles

シエラネバダ山脈南側の中腹にあるフビレス村は、標高1200〜1600mの高地。乾燥した冷たい風が吹く中、生ハム製造だけに特化した会社がフビレス社。社長はホセ・ビンセンテ・フェルナンデス・オルテガ氏。自ら熟成の確認も行なう、職人気質の社長だ。豚は欧州有数の業者にフビレス専用の豚を飼育してもらっており、地元生産者委員会の規定以上に厳しい自社規定も作って豚を吟味・選定。職人の手による丁寧な作業が同社の特徴で、特に味への影響が大きい血抜き作業は、仕入れ時、1回目の塩漬け時、2回めの塩漬け時の計3回、手で入念にマッサージして血抜きする。また、塩漬けにより水分が早く抜ける肉も、自社規定で使わない。塩は、粗塩よりさらに粗い粒塩を使うのも特徴。熟成庫は部屋全体が大理石の空間で、安定した低温で熟成させており、甘みが出てやさしい味わいになる。

ハモン デ トレベレス 23ヶ月熟成（黒ラベル）

大きめで上質の豚を使い、長期熟成させた高級品。豚は皮付きの豚で、暑い時期の豚は肉の水分量が多いため、仕入れは秋口から春までのもの。雌豚か、早い時期に去勢した雄豚を使う。長期熟成ながら、クセがなくピュアな味わい。

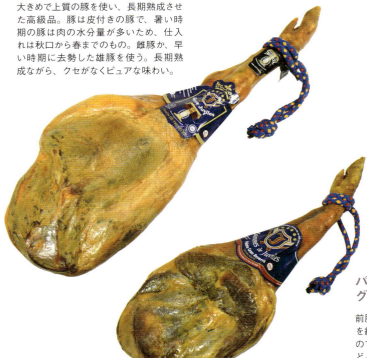

パレタセラーノ グランレセルバ 16ヶ月熟成

前脚の生ハム。塩はアルメリア産の海塩を継ぎ足しながら冷蔵庫で保存して使うので、まろやか。肉に使う塩分は少なめで、どぶ漬けにする。しっとりとしていて、味わい深い。

取扱い先・写真提供：㈱グルメミートワールド

Production area
スペインの他の地域の生ハム

　65ページでも触れたように、スペインはD.O.（D.O.P.やI.G.P.）認定されていない地域でも、数多くの生ハムが生産されている。

　それは、スペインがEU域内で第一位の豚飼養頭数を誇るほど（2017年度現在）、養豚が盛んであることも一つの要因といえる。スペイン国内の豚の主要産地は、東はカタルーニャから西はエストゥレマドゥーラまで、北はガリシアから南はアンダルシアまで、まさに全土で豚が飼育されている。

　さらに、スペインは国全体に高地であり、海岸線のように標高の低いところを除けば、冷涼な気候の中で生ハムづくりが可能となっている。したがって、生産地域が限られているイベリコ豚を使ったり、D.O.を取得したりといったことなどにこだわらなければ、地元で飼育されている豚を使って生ハムづくりができるというわけだ。

　このような状況下、D.O.に認定されていない地域でも、高い品質で評価されている生産者は多い。あるいはD.O.の規定に縛られず、自身の信念に基づいて独自の生ハムづくりを追求するという、新進気鋭の生産者も登場している。こうした生産者が、スペイン産生ハムのバラエティーさを深め、魅力を下支えしているともいえる。

　ここではそうした中でも、際立つ個性で人気の生産者とその製品を紹介する。

カサルバ CasAlba

スペイン最北に位置する生産者で、カスティーリャ・イ・レオン州北東部のブルゴスの、標高約900mの高地にある。ここは冬はマイナス15℃にもなるほど過酷な場所で、寒い日には焚き火をしてボデガを温める日もあるほど。しかし寒いところでいい豚を長く熟成させるのが、同社社長のフリオ・アンヘル・カストロ・アルバ氏の方針。放牧で育てられた大型の豚のモモ肉を用い、薄塩をして、セラーノで24～30ヶ月、イベリコ豚で45～50ヶ月もの長期熟成を行っている。D.O.認定の製品ではないが、高品質の豚肉を使った生ハムが評価され、美食家の多いバスク州にも近いことから、バスク地方をはじめフランスやイタリアなどの星付きレストランに納入されている。サラミ類も製造している（124ページで紹介）。

ハモンセラーノ 30ヶ月以上熟成

セラーノは放牧で育てられている豚を使用。サイズが大きいのも特徴で、通常のセラーノの倍はあり、脂肪層も厚い。24ヶ月熟成の製品から熟成に耐えうるものを選び、さらに6ヶ月熟成させた。しっとりとした食感と深いコク、脂身のこなれ具合が絶賛されている。

ハモンセラーノ アウマード30ヶ月熟成

寒い冬場には、焚き火でボデガ全体を温める同社。その時に燃料で用いるドングリの枝を使ってスモークをかけた、珍しい生ハム。1年熟成させた生ハムを薄煙を焚いた部屋の中で50日かけてスモークし、その後にさらに1年間熟成させる。肉だけでなく、骨にも熟成香がある。

ハモンイベリコベジョータ 48ヶ月熟成

優れた肉質のベジョータを使い、薄塩で48ヶ月も熟成させた同社最高品質の製品。ヨーロッパ各国の星付きレストランにも納入されている。しっとりとした食感に、濃厚な味わい。

取扱い先・写真提供：㈱グルメミートワールド

エルポソ Elpozo Alimentacion S.A.

1954年に工場を設立してサラミや生ハムの生産を始める。今日では主に豚肉製品を専門とする食品を生産しており、生産量・知名度ともにスペインを代表する食品メーカーになっている。豚は飼育から生ハムの製造、販売までを一貫して自社で行っており、そのための飼料や水、電気までも自社でまかなっているほど。場所は、地中海に面したムルシア州の、海岸線から30km以上奥に入ったところの都市・アルアマ・デ・ムルシア。市内に住む人たちの75％が、何らかの形で同社にかかわっているといわれ、市街地の東には1km以上にわたって続く敷地と、25万㎡もの広大な工場があり、その中で製造が行われている。同社製品は、日本では原木での取扱いはなく、スライスのみ。

ハモン・セラーノ・レゼルバ スライス

自社で開発した独自の飼料を使用。味の個体差が少なく、独自の味わいが1年を通して均一に保たれているのが、同社の特徴。12〜14ヶ月熟成。スペインのハモン・セラーノ輸出協会及び欧州連合による「伝統的特産品保証（TSG）」認定を受けている製品。1パック30g、50g、100g。

ハモン・イベリコ・レガド スライス

アンダルシアの自社農場で飼育したイベリコ豚を使用。24ヶ月熟成したものをスライスした。イベリコ豚独自のうま味、香ばしい香りが特徴。1パック30g。

取扱い先：日仏貿易㈱／写真提供：Elpozo Alimentacion S.A.

エスプーニャ Espuña

1947年、カタルーニャの北部に位置する町・オロット近郊の小さな村・ガロッチャで、サラミメーカーとして誕生したエスプーニャ（128ページで紹介）。1949年に現・本社所在地のオロットに工場を移し、ハモン・セラーノなどの製造も行うようになった。高圧水の処理により、微生物による影響を低く抑えるハイプレッシャーマシーンを導入するなど、伝統に基づく品質を保ちながらも、安心・安全には最新の技術を用いた製品づくりを行っている。1989年にはスライス商品にも力を入れるようになり、近年では、できるだけ便利につかってもらいたいということから、現代のライフスタイルに合わせて、例えばパーティー用の1kgのミニサイズ生ハムなど、小規模店でも使いやすい商品も揃えている。

ハモン・セラーノ　骨付き

約12ヶ月熟成のハモン・セラーノ。で1本8kg前後。カットしやすいよう、骨盤を取り除いた製品で、骨盤を取り除いた後は定期的にマッサージしながら熟成させるので、身割れはしない。下は1kgのミニサイズの生ハム。

ミニハモン（ホルダー、ナイフ付き）

取扱い先：㈱協同インターナショナル　食品部／写真提供：Espuña

トーレ・デ・ヌニエズ
Torre de Nùñez de Conturiz, S.L.U.

イベリア半島北西部のガリシア州で、1991年に設立された生産者。生産工場は、州の東位置するルーゴ市街地の南南東で、ミーニョ川を臨む左岸に位置する。従来のスペイン産生ハムの長所と欠点を研究し尽くした創業者が、新たに「ハモン・ド・ガリシア（ガリシア州の生ハム）」として、塩をゆっくりとデュロック豚のモモ肉に浸透させる独自の製法を開発。最低でも14ヶ月以上の自然乾燥熟成させることで、穏やかな塩分と長期熟成から生まれるうま味のバランスの良い独自の生ハムを製造している。歴史はまだ若い会社だが、製品についてはスペイン国内のみならず欧州国間でも非常に評価が高く、業績は急成長を続けている。スペインでは、異色の生ハムメーカーといえる。

ハモンセラーノ・レゼルバ　骨付

主に穀類飼料で肥育した、デュロック種の血統50％以上の豚を使用。14ヶ月以上の自然乾燥熟成を行い、肉への塩の浸透を抑える同社独自の手法で製造する。赤身に強いコクがあり、脂身が赤身にほどよく浸透して柔らかい食感が楽しめる。

取扱い先：㈱コダマ／写真提供：Torre de Nùñez de Conturiz, S.L.U.

Production area : Other countries

ヨーロッパの他の国の生ハム

　ヨーロッパにおける生ハムは、生産量・知名度ともに、イタリア、スペインが頭一つ抜け出た状況であることは間違いない。それは生ハムの生産に適した気候・風土が背景にあることが大きな要因だ。

　ただ、ヨーロッパはイギリスを含めて各国で養豚が行われており、地域に根ざした生ハムも生産されている。

　例えば、ポルトガルでは、隣国スペインと地続きのためイベリコ種の豚が生産されていて、地元の豚で生ハムもつくられており、D.O.P. 認定されているものもある。

　それ以外でも、オーストリアやスイスの生ハム、ブルガリアやモンテネグロでは燻煙にかける生ハムなどが地元の名産品としてつくられている。

　この章では、日本に輸入されているものとして、フランス産とドイツ産を紹介する。なお、ハンガリーではマンガリッツァ豚の生ハムがつくられているが、同国内でアフリカ豚コレラが発生し、2018 年 4 月から一時輸入停止となっており、本書には不掲載。

Production area : France

ノワール・ド・ビゴール
Noir de Bigorre A.O.C./Noir de Bigorre A.O.P.

　シャルキュトリー（食肉加工品）の中でも、パテやリエットをはじめとして特に豚肉加工品が多いことからも分かる通り、フランスは豚肉消費量が多い国。国内では各地で養豚が行われており、生ハムも特産品がある。その一つが、2015年にA.O.C.認定を、2017年にA.O.P.認定を受けたノワール・ド・ビゴールだ。

　「ビゴール地域の黒豚」の意味で、動物学的にはフランス南西部のガスコーニュ地方の土着品種であるガスコン種の純血種。成長速度が遅いため増産に向かず、また脂肪分の少ないヘルシーな食べ物を求める風潮も相まって、1981年には純血種は雄豚2頭、雌豚34頭と絶滅の危機に瀕した。しかしそこから養豚家や豚肉加工品に従事する人たちが品種保存に努めながら、今日まで頭数を増やしてきた。

　生産地は、スペイン国境に近いフランス南西部のピレネー山脈にある、オート・ガロンヌ県、オート＝ピレネー県、ジェール県を含むミディ・ピレネー地域で、ノワール・ド・ビゴール生産者組合（PADOUEN）に加盟する57社の生産者によって育てられている（2015年現在）。現在も、年間と畜数は約8000頭しか許可されていない。こうした希少性だけでなく、その味の良さからミシュランの星付きシェフの間でも用いられており、高級食材としての評価が高まっている。

　ビゴール豚を使った生ハムの製造に当たっては、豚は飼育期間12〜24ヵ月、体重100kg以上（骨付きのモモ肉で11kgほど）でと畜。一般的には交雑種だと7ヶ月でと畜可能になる。

　塩は、近くを流れるアドゥール川流域で製塩が行われており、そこの塩を使う。塩は小粒でイタリアのものに近い。

　血抜きした肉は塩漬けされる。塩漬けからの工程は、全て職人の手で行なう。水分を絞り、塩を洗い流したら、「パナージュ」工程。断面に米粉と塩をベースとしたペーストを塗る作業だ。その後、乾燥・熟成を行う。熟成は最低12ヶ月以上。24ヶ月以上、36ヶ月以上のものもある。ただし36ヶ月熟成はここ数年のことだという。

サレゾン・ドゥ・ラドゥール
Salaisons de l'Adour

親子3世代にわたり、ノワール・ド・ビゴールやフレンチバスク地方特産の生ハムを生産する生ハムメーカー。第二次世界大戦後、フェルナンド氏とエドモンド氏のファリップ兄弟が、後に「モンターニュ・ノワール」ハム工房と呼ばれる工房を設立したことが、サレゾン・ドゥ・ラドゥールのはじまり。1980年代、フェルナンド氏の息子ジャン氏の世代には、ピレネー山脈の麓へ拠点を移し、この地域特産のバイヨンヌの生ハムの製造に携わる。1997年に、ジャン氏はその息子たちの協力のもと「サレゾン・ドゥ・ラドゥール」を設立。2000年代初め、ファリップ一家はノワール・ド・ビゴール生産者組合とともにノワール・ド・ビゴールの生ハムを製造。現在では、日本をはじめ12ヶ国に輸出されている。

ノワール・ド・ビゴール

純血種の豚は、飼育期間は12〜24ヶ月、100kgになったらと畜・精肉にする。血抜き後に職人の手により塩漬けするが、塩は、近くを流れるアドゥール川流域で生産される小粒の塩を使う。塩を洗い流したら、断面に米粉と塩をベースとしたペーストを塗り、乾燥・熟成を行う。熟成は最低12ヶ月以上。24ヶ月以上、最近では36ヶ月以上のものもある。一般的な交配種に比べて脂身が多い肉質で、甘く口溶けが良い。肉や脂のうま味の余韻が口の中で長く続くような、上品でエレガントな味わい。風味はナッツやグリルした栗、茸のようだとも評される。

取扱い先：㈱アルカン／写真提供：㈱アルカン、Salaisons de l'Adour

ヨーロッパの他の国の生ハム

Production area : France

ジャンボン・ド・バイヨンヌ
Jambon de Bayonne I.G.P.

　前出のノワール・ド・ビゴールと並び、フランスを代表する生ハムが、ジャンボン・ド・バイヨンヌ。バイヨンヌの生ハムだ。

　バイヨンヌの町は、スペインとの国境に近く、ビスケー湾に面した交通の要衝。生ハムづくりはバイヨンヌで盛んだったわけではなかったが、近郊で作られる生ハムがバイヨンヌを通じて各地に送られたため、バイヨンヌの名を冠すようになった。

　使用する豚は、白豚で交雑品種。フランス南西地方の、次の特定地域で育てられたものだけが用いられる。すなわち、アキテーヌ、ミディ・ピレネー、ポワトゥー・シャラント地方の22県とそれに隣接する県。ノワール・ド・ビゴールの飼育地域に近いが、ジャンボン・ド・バイヨンヌ用の豚のほうが、大西洋側により近い場所で育てられている。

　豚の育成地と比べ、生産地はさらに地域が限定される。

　まず塩漬けおよび乾燥熟成は、アドゥール河流域。バイヨンヌからアドゥール河を50kmほど遡ったところにあるサリー・ド・ベアムで作られる、塩を含んだ湧水から作られる塩が肉にすり込まれ、さらに塩の層でおおって塩漬けされる。

　乾燥熟成は、フランス南西地方の指定された地域で行われている。西側の大西洋からは湿った風が、南側のピレネー山脈からは乾燥した風が吹く中、冬の気候と同じ環境を維持した貯蔵室に吊るされ、低温で乾燥熟成。製造には9〜12ヶ月を要する。

　ジャンボン・ド・バイヨンヌは、1998年にI.G.P.認定を受けている。

Production area : Germany

ドイツの生ハム
Schwarzwälder Schinken I.G.P.

　ボンレスハムやロースハムの国というと、真っ先に思い出されるのがドイツだ。養豚も盛んで（EU 域内でスペインに次いで第二位）、ハムだけでなく、ソーセージなどの種類も多く、豚肉加工製品はよく食べられている。では、ドイツにおいて生ハムはどのような状況なのだろうか。

　調理ハムのイメージとは逆に、地域が限られていて、日本ではあまり知られていないのが実態といえる。これは、ドイツの気候自体が影響している。ドイツは北の方が暖かく、南は豪雪地帯が多く寒い。そして何より、比較的湿度が高い。湿度の高さが、イタリアやスペインのように塩漬けにしたモモ肉を乾燥熟成のみで生ハムにするのに向いていない。熟成期間が長いと、湿度によって腐敗という危険性が増すからだ。

　生ハムは、イタリアで発祥し、それがヨーロッパの各地に伝わり、スペインやフランスでも独自の生ハム文化が花開いた。しかしドイツは湿度が高く生ハムづくりに適した環境ではなかったので、モモ肉の骨を抜き、加熱した。それがボンレスハムの基になったというわけだ。

　ただし、ドイツでも生ハムを製造しているところはある。塩漬け後に乾燥熟成を長期間行わず、スモークをかけていることが多い。

　ドイツの生ハム生産地には、EU によって D.O.P.（ドイツ語では「g.U.」）認定された地域はなく、I.G.P.（ドイツ語では「g.g.A.」）が5ヶ所ある。

　ドイツ中西部ヴェストファーレン産のクノッヘンシンケン、北部ホルシュタイン産のハム、アンマーラント産ハムとディーレンラウシュシンケン、南西部シュヴァルツヴァルト産のハムである。

　ここでは、ドイツ南西部に広がるシュヴァルツヴァルト（黒い森）で作られているハムを紹介する。

ヴァインズ
Hermann Wein CmbH&Co.

ドイツ南西部の、バーデン＝ヴュルテンベルク州フロイデンシュタットにある小さな町・ムスバッハ。シュヴァルツ・ヴァルト（黒い森）の東の端に位置するこの町の、郊外に工場を構えるのが、ドイツの生ハムメーカーのヴァインズだ。同社は地元出身のヘルマン・ヴァイン氏が、家族に古くから伝わるレシピとレンガづくりのスモークハウスを活かし、上質のハムを作ろうと1966年に現在の基礎を築き上げた。スモークにはモミの木やジュニパーの枝を用い、山々の清澄な空気で熟成されることにより、同社独自の味わいの生ハムが生まれる。I.G.P.認定を受けたブラックフォレスト・ハムも生産しており、同社は今やブラックフォレスト・ハムのリーダー的な存在となっている。

シュヴァルツヴァルダー・シンケン（ブラックフォレスト・ハム）

豚肉は、岩塩で塩漬けし、熟成期間は短めなのがドイツの生ハムの特徴。それをドイツ南西部に南北に160kmにわたって広がるシュヴァルツ・ヴァルト（黒い森）で育った、モミの木とジュニパーの木でスモークした生ハムで、I.G.P,.認定がなされている。1パックは約4kg。

取扱い先：㈱協同インターナショナル　食品部／写真提供：Hermann Wein CmbH&Co.

写真提供:Levoni S.p.A.(セイショウ・トレーディング・インコーポレーション)

サラミ

- Salame
- Salami

イタリアのサラミ

　古代ローマの時代から食べられていたと言われるサルーミ。中でも腸詰め類を指すサラーメ(サラミ類。以下、固有名詞以外は「サラミ」で統一)は、イタリア半島で特に発展したもの。
　イタリでD.O.P.やI.G.T認定されている製品は、以下の通り。
　D.O.P.では、ロンバルディア州ブリアンツァ産のサラミ、エミリア＝ロマーニャ州ピアチェンツァ産のサラミ、カラブリア州全域が産地のサルシッチャやヴェネト州ヴィチェンツァ産のソプレッサなど。
　I.G.P.では、マルケ州のチャウスコロ、エミリア＝ロマーニャ州フェリーノの町でつくられているサラーメ・フェリーノ、シチリア州のサラーメ・サンタンジェロなど。
　以上のような地域認定された製品に留まらないのが、イタリアのサラミ類の特徴。イタリアの各村、各町、各地域、各州に、独自に発生したものがある。したがって、地域認定が証明する「名産地」はあるものの、それ以外の町や村に根付いた地元の名産品も数多い。正確には、いくつあるか分からないという。
　さらに、イタリア全土で知られている最も一般的なサラミ・ミラノ、サラミ・ナポリなど、地名が付いたものや、サラミ・フィノッキオーナのように使われるハーブの名が付けられたものもある。これらは地域名にこだわらず、全国にある各生産者によってつくられている。
　そこでサラミ類のページでは、生ハムのような産地ごとの紹介はせず、生産者ごとに製品を紹介する。

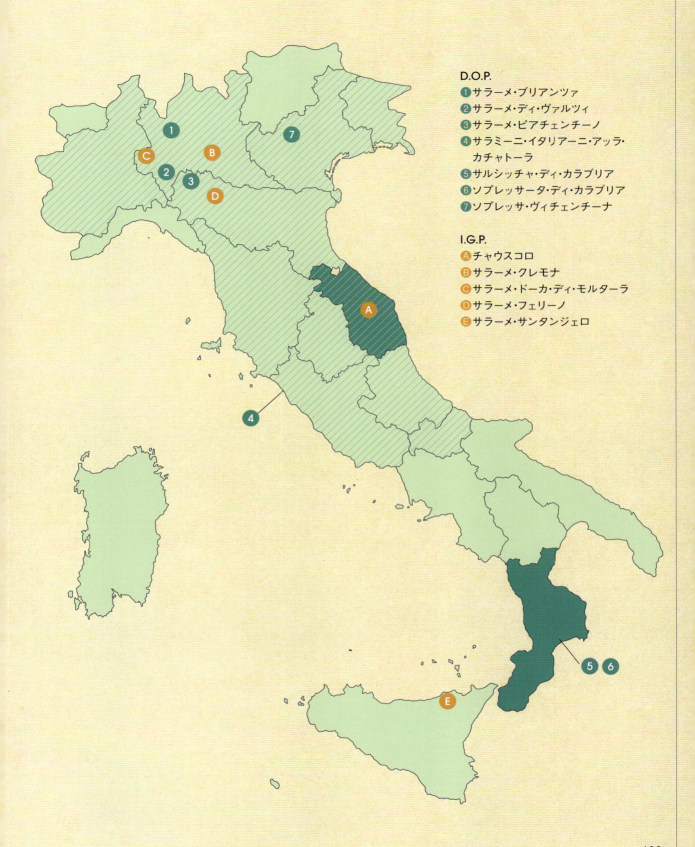

バッツァ
SALUMIFICIO BAZZA S.R.L.

バッツァは、サラミ製造会社が多いヴェネト州にあって、パドヴァの町の南18kmほどの小さな町テッラッサ・パドヴァーナで1996年に設立された、家族経営のサラミ生産者。会社は小規模の部類に入るが、味に定評のあるサラミを作り続ける会社として知られている。ヴェネトでは高級ブランドとして位置づけられ、そのサラミは地元の名高い高級レストランでも採用されているほど。使用する豚は、パルマ産生ハムに使用されるD.O.P.認定を受けた味の良い肉の豚のみ。ベースの赤身肉に加え、首の後ろ肉部位やバラ肉など、赤身肉と脂身がバランス良く、うま味、甘みが楽しめる部位を使用し、湿度78％〜84％、温度14℃〜14.5℃の熟成庫でじっくりと熟成させ、豊かな味わいを表現する。

サラーメ　コン　アーリオ
（ニンニク入りサラミ）

中挽き肉を使用。海塩、胡椒とにんにくをきかせた、ソフトタイプのサラミ。程よく水分を残した熟成で、生肉を思わせるようなしっとりとしたレア感が特徴。腸詰めされたものは、地下の蔵（カンティーナ）に移し、表面に白カビが付くまで、約40日ほど熟成にかけられる。直径約7㎝。1本約700g前後。

ソップレッサ　コン　アーリオ

有名グルメ誌の評価で、好成績を得たこともあるサラミ。伝統的な製法で作る同社製造のサラミは、本来コッパやパンチェッタにする部位も使い、大きく作って熟成をゆっくり進めるため、よりレア感があって風味に深みが増す。材料は粗挽き肉、塩、黒胡椒、にんにく。熟成期間は約120日。直径約10㎝。1本約3kg。

取扱い先：㈱カ・フォルム・ジャパン／写真提供：SALUMIFICIO BAZZA S.R.L.

クライ　clai

イモラ農業労働者協同組合が正式名称のクライ（18ページで紹介）。エミリア＝ロマーニャ州ボローニャ県東部に位置するイモラの町で、1962年に畜産農家と飼料農家が協同組合を作り、生ハムとサラミの製造工場を作ったのが始まりだ。現在もイモラ工場で生産しており、生ハムと同様に非常に高品質なサラミ生産者としてよく知られている。現在、イモラのほかに、ファエンツァ、パルマにも工場を所有しており、サラミ生産量はイタリアで2位のシェアを誇る (databank salumi Source)。

サラミ・カッチャトーレD.O.P.（限定品）

新鮮なイタリア産の豚を使い、中～細挽きの肉に食塩、にんにく、黒胡椒を合わせ、腸詰めにして熟成させた、小ぶりなサラミ。D.O.P.認証された、伝統的なサラミ。1本175g。限定品のため、下記取扱い先に要問い合せ。

取扱い先：モンテ物産㈱／写真提供：Cooperativa Lavoratori Agricoli Imolesi

ダウトーレ D'Autore Srl

イタリア大手の老舗食品メーカーであるモントルシ・グループの一員の生ハム・サラミメーカー。本社は、イタリアのシャルキュトリーにとってのメッカである、エミリア＝ロマーニャ州モデナ。モットーは"La qualita prima di tutto（品質第一）"。クリーンルーム内ではコンピュータ制御のマシンや、最新式のスライスマシンなど、最先端技術も導入し、品質の維持・向上に努める。自社製品に加えて、イタリア国内では顧客のパッケージングやサイズなどにフレキシブルに対応していており、柔軟性とコストパフォーマンスに優れることも評価されている。現在、日本にはサラミが輸入されている。

スピアナータ・ロマーナ

平たくのばした「スピアナータ」タイプ。細挽きの肉に、サイコロ状の脂身と、香辛料を合わせて熟成。圧力をかけながら熟成させるため、肉質は固く弾力がある。厚さ約4～4.5cm。1個約1kg。

スピアナータ・カラブラ

「スピアナータ」タイプには珍しい唐辛子入り。辛口の上に、歯応えのある固めの食感が特徴。厚さ約4～4.5cm。1個約1kg。

サラミ・ミラノ

イタリアのサラミの中で、世界的に最も良く知られるサラミの一つ。細挽きの赤身肉と脂身を合わせ、塩と香辛料を加えて腸詰めし、熟成させた。直径約9cm。1本約1.5kg（ハーフカット）。

ナポリ・ピカンテ

代表的なサラミの一つ。中挽き肉に赤唐辛子を練り込んで熟成させた、辛口でやわらかめの食感が特徴。直径約10cm。1本約1.3kg（ハーフカット）。

サルシッチャ・サルダ

細挽きの肉を使ったサラミを、U字形に折り曲げた形が特徴。食感はやや硬め。直径約3.5～4cm。1本約450g。

取扱い先：㈱プログレス　アレクリア事業部／写真提供：D'Autore Srl

フマガリ
Fumagalli Salumi Industria Alimentari S.p.a.

1900年代初頭、ロンバルディア州ミラノの北に位置するメーダ市で、サラミ類の製造・販売会社としてスタートしたフマガリ。70〜80年代にはパルマハムの製造も開始し（20ページで紹介）。着実に規模を広げ、現在は豚肉加工全般の製造を中心とする中堅メーカーとして知られている。豚は、最低210日間の肥育期間を経た大きめのものをと畜し精肉にする。豚の遺伝子管理から飼育、加工までを自社で一貫して行い、安定した高い品質を守っており、豊富な品揃えのサラミ類で伝統的なイタリア食文化を世界23カ国に輸出。日本でもデパートなどでいち早く紹介され、人気を集めている。

サラミナポリピカンテ
ナポリ人が愛し、聖アントニオ修道院長のお祭りの際に作られていたサラミ。中細挽きの豚肉は、胡椒、粉末の唐辛子、にんにく、塩、香料とワインで風味付け。熟成期間は約2ヶ月。直径約7cm。1本約800g。

サラミピカンテアネッロ
伝統的な馬蹄形で、中挽き肉を人工ケーシングの腸に詰めた。赤唐辛子をきかせた辛口。熟成は30日。直径約4cm。1本400g。

サラミミラノ
最も古い伝統を持つ、イタリアを代表するサラミ。細挽き肉には、米粒大の脂身が均一にちりばめられ、粒胡椒もきかせている。ほのかな酸味と柔らかな口当たり。直径約5cm。1本約500g。

取扱い先：㈱ノルレェイク・インターナショナル畜産部／写真提供：Fumagalli Salumi Industria Alimentari S.p.a.

LEVONI レボーニ　Levoni S.p.A.

生ハム（22ページ、35ページで紹介）に加え、高品質で多彩なサラミ類を作るトップブランドメーカーとの評価を得ているレボーニは、1911年、エゼキエロ・レボーニ氏がミラノ郊外で食肉店を開いたのが始まり。現在、4代目のニコラ・レボーニ社長の代になり、工場の延べ床面積は10万㎡以上。養豚から精肉加工、流通にいたるまでの一貫作業を行う大手メーカーだ。使用する豚は、生後2ヶ月から1年以上放牧させ、飼料も戸外で与えて育てたら、と畜の2ヶ月前に厩舎に入れて肥育する。スパイスやフレーバーは自然由来のものを使うなど、原料から高い品質を維持する。バリエーションが非常に多いサラミなど、主な製品はロンバルディア州マントヴァの郊外で、創設以来の本社のあるカステルッキオの工場で生産。サラミは、平均的なものでも6ヶ月ほどの熟成期間を取り、じっくりと味を馴染ませている。

サラミ・ウンゲレーゼ
1913年に発売したロングセラー。ロンドンの国際博覧会で金賞を受賞した、ハンガリー風サラミ。パプリカをきかせ、スモークしてある。肉は絹挽き。直径約10㎝。1本約1.7kg。

サラミ・カチャトーレD.O.P.
サラミ・ミラノを携帯サイズにした猟師風。肉は細挽き。直径約5㎝。長さ約12㎝。1本約180g。

サラミ・デル・ポー
粗挽きの豚肉に、黒粒胡椒と微発泡ワインの香りをプラス。自然の腸に詰めたレボーニ最高級のサラミ。直径約6㎝。1本約500g。

サラミ・ミラノ
イタリアで最もポピュラーなサラミ。デリケートな香り。肉は細挽き。直径約7.5㎝。1本約1.2kg。

サラミ・ヴェントリチーナ

中挽き肉と粗挽き肉に、角切りのパンチェッタを加え、パプリカ、唐辛子とフェンネルの種を合わせた大判サラミ。直径約10㎝。1本約3㎏。

サラミ・ストロルギーノ

クラテッロと同じモモ肉を使った、希少性の高いサラミ。かつてはパルマ公国やピアチェンツァ公国が産地として有名。自然の腸に詰めている。肉は中挽き。直径約3㎝。1本約160g。

サラミ・トスカーノ

絹挽きの肉に、粒胡椒とにんにく、脂身を加えて自然の腸に詰めた、大判のサラミ。直径約10㎝。1本約3.5㎏。

サラミ・パルマ

細長い形が特徴。シンプルに中挽き肉を自然の腸に詰めた、パルマ風サラミ。デリケートな香り。直径約5㎝。1本約500g。

サラミ・メディタレニア・ピカンテ

直径4㎝ほどの細長い形状が特徴で、ピリッと辛い味わいも個性的。肉は中挽きで、唐辛子とパプリカが入っており、スモークも軽くかけられている。1本約170g。

サラミ・フィノッキオーナ

中挽きの肉にフェンネルの種を加えた、ワインに合う個性的な香りの大判サラミ。直径約10㎝。1本約4㎏。

サラミ・ソプレッサ・ヴェネタ

中挽きの肉に、にんにく、シナモン、クローブ、ナツメグ、ローズマリーを合わせて練り上げた、ヴェネト州を代表するサラミ。直径約10㎝。1本3㎏。

サラミ・スキャッチアータ・ロマーナ

扁平な形が個性的なサラミ。細挽きの肉に、脂身を加えたもので、マイルドでデリケートな香り。断面は約6×14㎝。1本約900g。

取扱い先:セイショウトレーディング・インコーポレーション／写真提供:Levoni S.p.A.

 # モントルシ Montorsi

モデナで1880年創業と、長い歴史を誇る生ハム・サラミ製造の老舗モントルシ（生ハムは24ページで紹介）。「信頼のブランド（Puoi stare sicuro）」をスローガンとし、豚の飼料から養豚・加工までをグループ内で一貫して行える点を活かして、安心・安全、そして安定した高い品質の製品を製造し、高い評価を受けている。サラミ類は、パルマ産・サンダニエーレ産の生ハムに使われるものと同じ豚の肉を使うことで、品質の良さを維持。日本には、伝統的な味わいのものを中心に輸入されている。

サラミ・ミラノ

ロンバルディア州特産の、イタリアでは最もポピュラーなサラミ。中挽きの肉には、米粒大の脂身を均等に練り合わせ、白胡椒、にんにくなどで風味付けしている。まろやかな味わい。直径約7cm。1本約2kg。

サラミ・フィノッキオーナ

フェンネルの種を加えた、独特な芳香のサラミ。中〜粗挽きにした肉に、胡椒、フェンネルの種、クローブ、シナモンを合わせて熟成させた。直径約10cm。1本約2.5kg。

サラミ・ナポリ

スパイシーな味わいで、ワインにもビールにも合うサラミ。肉は中〜粗挽きにしたものに、黒胡椒とパプリカをあわせ、腸詰めにして熟成した。直径約8cm。1本約1.8kg。

サラミ・ヴェントリチーナ・ピッカンテ（限定品）

粗挽きの肉に庖丁で叩いた脂身を合わせ、黒胡椒、唐辛子、スターアニスやフェンネルなどの各種スパイスを加えて腸詰めにし、熟成させたサラミ。複雑な風味と、ほのかな辛みが特徴。限定品につき、下記取扱い先に要問い合せ。直径約10cm。1本約2.5kg。

取扱い先：モンテ物産㈱／写真提供：Montorsi

プリンチペ
Principe di San Daniele S.p.A.

1945年、フリウリ＝ヴェネツィア・ジューリア州トリエステでスタートし、今日ではサンダニエーレの生ハム製造のトップリーダーに位置づけられている生産者（26ページで紹介）。同地以外にもイタリア国内に6つの工場を所有し、最新の基準と技術により伝統的な製品を製造しており、その一貫として腸詰め製品も生産。古くから各地に伝わるサラミ類のレシピを参考に、伝統的な味わいを製品化。鮮度の高い豚肉を使い、材料を練り混ぜた後は、すべて天然のケーシングで腸詰めが行われ、15℃に温度管理された庫内で熟成にかけられている。

ミラノサラミ
細挽きの豚赤身肉と脂身とを絶妙に配合した、シンプルで飽きの来ないイタリア定番のサラミ。熟成期間は90～120日。直径約8cm。1本約1.8kg。

ヴェントリチーナサラミ
アブルッツォ州の伝統レシピで作るサラミで、唐辛子をたっぷりと加えた辛みの強いのが特徴。肉は中～粗挽き。直径約8cm。1本約1.8g。

ローマサラミ
ローマ地方が発祥のサラミ。細挽きの肉に、豚脂身、黒胡椒を加えて熟成させた。しっかりとした肉の食感と、ほど良い酸味とうま味に、軽いスパイスの香り。断面は楕円形約5×13cm。1本約1.6kg。

取扱い先：㈱ティーアイトレーディング／写真提供：Principe di San Daniele S.p.A.

サルチス　SALCIS

1941年、トスカーナ・シエナで豚肉を扱う精肉店が集まって、豚肉加工品製造のために作られたのが、ソシエタ・アノニマ・ラヴォラツィオーニ・カルニ・インサッカーティ・シエナ（Società Anonima Lavorazione Carni Insaccati Siena）。その頭文字を取ったのがサルチスだ。80年代に所有者がモルビディ家に変わり、現在、2代目のアントニオ・モルビディ氏が社長を勤めている。同社の特徴は、トスカーナ州で育てられた豚のみを使い、トスカーナに古くから伝わるレシピによって、伝統的な味わいのサラミを作っている点。サラミは全体的に塩味を抑えて、肉自体のうま味・香りが楽しめるようにしている。

サラミ・フィノッキオーナ

中挽きにした豚肉に、細挽きにした脂身とフェンネルの種を加え、熟成させたサラミ。爽やかな香りが特徴。直径約5㎝。1本約400g。

サラミ・トスカーナ

トスカーナで育てられた豚の赤身肉を使用。中挽きにした中に、2㎝角にカットした脂身と、黒粒胡椒を加えて熟成させた、伝統的な味わいのサラミ。直径約5㎝。1本約400g。

サラミ・トリフ

中挽きと粗挽きを合わせた豚肉に、みじん切りにしたトリュフを混ぜ込み、腸詰めにして熟成させた。トリフの芳醇な香りが楽しめる。直径約3㎝。1本約160g。

取扱い先：㈲アイランドフーズ／写真提供：SALCIS

ゴルフェラ
Salumificio Golfera in Levezzola S.p.A.

1960年代に設立。1997年以来ツァヴァーリア家が所有しており、現在はエミリア＝ロマーニャ州最大手メーカーの一つ。州東部のラヴェッツォーラとラヴェンナに工場を持つ。伝統的な製法を守りつつも、現代のニーズに合わせてオリジナリティあふれるサラミを製造するのが同社の方針。自然と地元文化が一体となって生み出された、ユニークなフレーバーを伝承し、レシピを保護する。最新のテクノロジーを駆使し、革新的な材料の組み合わせを模索し続け、モモ肉から作るサラミや、ラクトース、グルテンフリーでのイタリア産牛肉100％のサラミなども製造。イタリアで高い評価を得ている。オーガニックの製品の開発も進めている。

フェリーノ
パルマ地方のフェエリーノ村が発祥のサラミ。中挽きにした肉に、角切りの脂身を混ぜ込み、20～30日間熟成させた。直径約6㎝。1本約1kg。

ファブリアーノ
食肉加工で長い歴史を持つマルケ州の町の名にちなんで名付けられたサラミ。香辛料を合わせた細挽き肉の中に、角切りにした脂身を加え、20～30日間熟成させた。直径約5㎝。1本約700g。

サルシッチャ・ピッカンテ・ディリッタ
ロマーニャ地方の伝統的なサラミ。豚の肩肉とバラ肉を中粗挽きにして腸詰めにし、20～30日間熟成。奥深さを感じさせる味わい。直径約3.5㎝。1本約350g。

ソプレッサ
ヴェネト州の伝統的なサラミ。にんにく、粗挽きにした肉に、黒胡椒などのスパイス類を加えて練り合わせ、20～30日間熟成。直径約12㎝。1本約1.5kg（ハーフカットサイズ）。

フィノッキオーナ
フィノッキオの香りが爽やかなソフトサラミ。トスカーナを代表する一品として、幅広い年代層に人気。肉は中粗挽き。直径約12㎝。1本約1.5kg（ハーフカット）。

取扱い先：㈱プログレス　アレクリア事業部／写真提供：Salumificio Golfera in Levezzola S.p.A.

パヴォンチェッリ

Salumificio Pavoncelli E. & Figli S.p.A.

ヴェネト州ヴェローナ県の中西部、アディジェ川右岸の町・ペスカンティーナで、1899年にエルネスト・パヴォンチェッリ氏が精肉店を開業したのが、パヴォンチェッリ社の始まり。現在では、イタリアでも最古の一つに挙げられるサラミ生産者だ。現在の社長は、4代目のマルコ・パヴォンチェッリ氏。「1枚1枚にイタリアの品質を」をモットーとする同社。約120年経った今もなお、パヴォンチェッリ家が長年大切に培ってきた秘伝のレシピを基に、最新の設備と熟練の職人の技術を融合させたサラミづくりを行っており、地元ヴェローナだけでなく、イタリア国内外のレストランからも高い評価を得ている。

ヴェネト風ソプレッササラミ（にんにく入り）

使う肉は、脂身の少ない肩やモモ肉等に脂身の多いバラ肉。すべて中挽きにする。海塩、胡椒などのスパイスと隠し味にすりつぶしたにんにくを加えて腸詰めにし、熟成させた。バランスの良い独特の風味が人気。

フェンネル入りサラミ

中挽きの肉に、海塩、フェンネルの種、胡椒、にんにくなどを加えたサラミ。腸詰めにした後は、熟練の職人が1本ずつ手作業で麻糸をしばっていく。乾燥室に移した後、表面にうっすらと羽毛状のカビが生えるまで吊るしながら熟成させる。フェンネル独特の爽やかな香りが食欲をそそる。

スピアナータサラミピッカンテ（唐辛子入り）

粗挽きの肉に、唐辛子、胡椒などのスパイスを合わせて腸詰めにし、プレスして独特の楕円形に整えた後、熟成させる。しっかりとした後引く辛さとキムチのような旨みが特徴のサラミ。

熟成グアンチャーレ

豚ホホ肉に、数種類のハーブやスパイス、海塩をまぶした後、熟成庫で最低60日間熟成させる。優しい塩加減が絶妙な、まろやかな味わい。風味豊かな味わい。

取扱い先：㈱アルカン／写真提供：㈱アルカン、Salumificio Pavoncelli E. & Figli S.p.A.

サヴィーニ SAVIGNI

1985年に設立された家族経営のサヴィーニは、チンタ・セネーゼ豚だけを使った加工肉製造(生ハムは54ページで紹介)を行う、個性派のメーカー。フィレンツェ北部に位置するパヴァナからサンブーカ・ピストイエーゼの山岳地帯で、空気のきれいな広い土地に豚を2年間放牧して育てる。また飼料を与える場合は、オーガニックのものを使用する。こうした育て方により、通常の豚よりも味が濃く、また平地で育成されたチンタ・セネーゼと比較して山のどんぐりやハーブなどを食べていて独特の風味を持つ。サラミは肉の味わいを活かすため、塩味は少なくまろやかな味わい。スパイス類もオーガニックのものを使用し、熟成にも時間をかける。

チンタ・セネーゼのラルド

低温でも溶けるほどの上質な脂身に、サーロインとリブロースの合わせた部分を使った贅沢な製品。ローズマリー・にんにく・ベイリーフ・ジュニパーベリー・シナモンなど、有機のスパイスと塩をまぶし、120日間熟成を行う。

チンタ・セネーゼの
ウイキョウ入りサラミ

背脂身とロイン(サーロインとリブロースを合わせた部分)の濃厚な赤身のうま味と、凝縮された脂身のやわらかさの両方が味わえ食感も抜群。フェンネルの種、黒胡椒、にんにくを合わせて90日熟成させる。フェンネルの清涼な風味も魅力。直径約4cm。1本600〜700g。

取扱い先:サンヨーエンタープライズ㈱/写真提供:SAVIGNI

トマッソーニ　TOMASSONI S.R.L.

マルケ州アンコーナ県の小さな町・イェージで1980年に設立した、家族経営のサラミメーカー。原料を厳選して手作業を重んじ、着色料・発色剤や増粘剤などの添加物を極力使わない気鋭のサラミメーカーとして知られている。創業者は、現社長のセルジオ・トマッソーニ氏。現在、息子のパオロ氏と、シモーネ氏を中心に実務が行われている。豚はパダーノ平原で育てられた、パルマハムに使用される豚と同じ大型のもの。黒胡椒は、使用する直前に挽くことで、フレッシュな風味を出す。他の素材も、にんにくやフェンネルは生のものを使用する。マルケ州に伝わるレシピを継承した食肉製品を作り、国内外の食品展で数々の受賞歴を誇っており、高い品質のサラミとの評価を得ている。

ラクリメッロ

同社オリジナルの主力製品。中挽きの肉に、マルケ州の赤ワイン「ラクリマ・ディ・モッロ・ダルバ」などを加え、最低70日熟成させた。直径約6cm。1本約900g（ハーフカット）。

チャウスコロI.G.P.

I.G.P.認定を受けているサラミ。脂身は添加せずに細挽きにした肉は、溶け出すようななめらかさ。熟成期間は最低20日。直径約5cm。1本約500g。

パンチェッタ

豚バラ肉を使い、塩とともに、胡椒、生のにんにく、白ワインを加えて漬け込み、熟成させた。

サルシッチャ・セッカ（スタジョナート）

豚の肩から背中にかけての肉とバラ肉を中粗挽きにして使用。にんにくと胡椒などで味付けした。さらに、原材料の12%量のレバーも加えた製品。直径約3cm。1本約120g。

取扱い先：㈱プログレス　アレクリア事業部／写真提供：TOMASSONI S.R.L.

ビラーニ　VILLANI S.p.A.

1886年、エミリア＝ロマーニャ州モデナ市で設立。ジュゼッペ・ビラーニ氏がサラミづくりの基礎を築いた。イタリア国内で育てられている重量の重い原料の豚を使用したサラミ類は、豊かな香りと甘く繊細で後を引く味わい。その魅力の秘密は、サラミが熟成によって独特の味わいに変化するために必要な発酵菌を、自社研究室で培養し、各製品に応じて使用している点にある。これら独自の企業努力と、職人の手による伝統的な製法が、同社のサラミの個性を支えている。上記の豚を使った生ハムも製造している（40ページで紹介）。

ミラノサラミ

イタリアのサラミの中でも、最もポピュラーな一品。肉は細挽き。赤身、脂肪、熟成感のバランスが良い。直径約8〜10cm。1本約3.4kg。

パルマサラミ

パルマ地方の伝統的なサラミ。赤身と脂身の調和の取れた甘みと香り。直径約7cm。1本約1.1kg。

トリュフサラミ

黒トリュフをたっぷりと練り込んだ、贅沢なサラミ。肉は中挽き。直径約6cm。1本約220g。

バローロサラミ

"ワインの王様"と言われるバローロを練り込んだ、風味豊かで芳醇な味わいのサラミ。肉は中挽き。直径約6cm。1本約220g。

ナポリサラミ

中挽きの肉をワインで香り付けした、南イタリアを代表するサラミ。繊細な香り。唐辛子を加えた辛口の「ピカンテ」もある。直径約9cm。1本約2kg。

取扱い先：㈱協同インターナショナル　食品部／写真提供：VILLANI S.p.A.

スペインのサラミ

　生ハム製造が盛んなスペインでは、イタリアと同様に、と畜した豚のモモ肉以外の肉を利用した豚肉加工品が多い。サラミ類もその一つ。希少価値が高く高品質のイベリコベジョータを使ったものなどは、サラミ類の中でも最高級品といえる。スペインでは、イベリコ豚に対して飼育頭数の多いセラーノ豚の肉を使ったサラミも多数生産されているが、日本に入ってきているのはほとんどがイベリコ豚の製品だ。
　スペインのサラミ類には、サルシチョン、チョリソ、ロモと、ロンガニーザ、フエ、ソプラサーダなどがある。
　サルシチョンは、いわゆるサラミのことで、豚の挽き肉に塩と香辛料などを加えて腸詰めにし、熟成させたもの。
　チョリソがサルシチョンと違うのは、パプリカ、にんにくが入る点。パプリカによって赤く色付くため、サルシチョンとの違いは見た目でも分かる。パプリカが入る代わりに、胡椒やオレガノなどは入らない。チョリソのバージョンとして、細長くしたものを折り曲げ、馬蹄形にしたサルタがある。
　ロモは、豚ロース肉を挽き肉にせずに、にんにくやパプリカなどの香辛料を合わせ、腸詰めにして熟成させたもの。
　以上3種類は、スペイン全土でつくられていて、加える香辛料のバランスや熟成度合いで生産者の個性が出る。
　ロンガニーザ、フエ、ソプラサーダは、発祥地・産地が分かっているサラミ類。
　ロンバニーザは白カビを付けた細長のサラミで、カタルーニャが産地。フエも同

I.G.P.
- Ⓐ ソプラサーダ・デ・マヨルカ
- Ⓑ エンブディード・デ・レケナ
- Ⓒ チョスコ・デ・ティオネ
- Ⓓ ラコン・ガジェゴ
- Ⓔ チョリソ・リオハノ
- Ⓕ サルシチョン・デ・ヴィック
- Ⓖ セシナ・デ・レオン
- Ⓗ ボティージョ・デル・ビエルソ
- Ⓘ チョリソ・デエ・カンティンパロス

様に白カビを付けて熟成させるカタルーニャ産のサラミ。
　ソプラサーダは熟成させたパテのようなサラミで、マヨルカ島が起源。このソプラサーダ・デ・マヨルカは、I.G.P.認定されている。それ以外にも上記地図に示したようにI.G.P.認定を受けているものが見られる。
　スペインのサラミの特徴として、そのままスライスして食べるだけでなく、料理にも積極的に使うことが多い点。肉とスパイスの熟成したうま味と香りが、料理に独自の味わいをプラスする。
　スペインのサラミ類も、生産地別ではなく生産者別に紹介する。

アルガル ARGAL S.A.

フランス国境近くの村・パンプローナで、1914年に設立。100年に及ぶ歴史を持つ老舗。サラミをはじめとする豚肉加工専門の会社で、スペイン国内で3本の指に入る有名大手メーカー。伝統を重んじながらも、最新技術を備えた設備導入への投資も積極的。国内の食肉加工のリーディングメーカーへと成長している。現在、本部はカタルーニャで、生産拠点はスペイン国内に3ヶ所を有する。特に、白カビタイプの伝統的なフエは評判の製品。日本には2012年から輸入されている。

フエは、カタルーニャ州の中央部に位置する古代ローマ時代からの都市、ビク（Vic）が発祥。その伝統的なレシピと製法で熟成。サラミ全体に白カビが付着しており、このためしっとりとした味わいとなっている。肉は細〜中挽き。左のフエ カリダ エクストラは断面は楕円形約2〜3cm。1本約140g。右はイベリコ豚を使ったフエ。断面は楕円形約2〜3cm。1本約130g。

フエ　カリダ　エクストラ

フエ・イベリコ

取扱い先：日仏貿易㈱／写真提供：ARGAL S.A.

アルトゥーロ・サンチェス
Arturo Sánchez e Hijos S.L.

ギフエロ地区最北に位置し、100年を超える歴史を持つ、イベリコハム生産者（69ページで紹介）。使用するイベリコ豚は、バダホス県南部にあるセビーリャのシエラ・ノルテの、同社が信頼を寄せる最高のデエサで育てられている。モンタネーラを特別に２回行っており、同社ならではの濃厚な味わいが特徴。サラミ類もこのイベリコ豚の肉を使った贅沢なもので、その濃厚さを活かすため、ドングリの木で燻し、６ヶ月以上かけて自然熟成。その間、すべての工程は熟練の職人の手作業によって行われる。生ハム同様に最高級品と評価の高い同社のサラミは、星付きレストランや高級デリカテッセンで販売され、日本にはサルチチョンとチョリソの２種類が輸入されている。

チョリソ・イベリコ・ベジョータ

天然スパイスに、パプリカで風味を加えたサラミ。辛さはない。こちらもドングリの木を燻して香り付けし、６ヶ月自然熟成させる。直径約５cm。１本約１kg前後。

サルチチョン・イベリコ・ベジョータ

黒胡椒やオレガノ、にんにくなどの天然スパイスを合わせたサラミ。ドングリの木を燻して香り付けし、６ヶ月自然熟成させる。直径約５cm。１本約１kg前後。

取扱い先：兵庫通商㈱ THE STORY事業部／写真提供：Arturo Sánchez e Hijos S.L.

カルディサン　Caldisán, S.L.

親子2代の家族経営でイベリコハムを製造するメーカー（70ページで紹介）。元々の創業は古く、1898年。サラマンカ・ギフエロで、イベリコハムとエンブティード（腸詰め製品）を製造し続けてきた。1986年、現在のカルディサン社が分家し、2003年から新規工場を作ってイベリコハムに加え、エンブティード類の製造を開始。会社は小規模な部類に入るが、その分、工程の一つ一つを確認しながら作業できる利点を活かした丁寧な製品づくりを行っている。サラミ類も生ハムと同様に、アンダルシア州とエストゥレマドゥーラ州の2ヵ所の農場から直接選別したイベリコ・ベジョータを使う。日本では2010年から販売されている。

チョリソ・イベリコ・ベジョータ

粗挽きにしたイベリコ・ベジョータに、塩、パプリカ、オレガノなどを加えてよく練り、腸詰めにして乾燥熟成させたもの。とてもジューシーで濃厚。隠し味のパプリカで、ワインとの相性はさらに高められている。直径約5～6㎝。1本1～1.5kg。

サルチチョン・イベリコ・ベジョータ

粗挽きにしたイベリコ・ベジョータに、黒胡椒、塩などを加えてよく練り、豚の腸につめて熟成させたもの。直径約5～6㎝。1本1～1.5kg。

ロモ・イベリコ・ベジョータ

挽き肉にしていないイベリコ・ベジョータのロース肉に、パプリカ、にんにく、塩、砂糖で味付けし、乾燥熟成させたサラミ。生ハムに近い味わいで、柔らかな触感と強いうま味。直径約4～5㎝。ハーフサイズ約500～700g。

取扱い先：㈱ディバース／写真提供：Caldisan, S.L.

カサデモン　Casademont

カサデモンは、設立前に4世代にわたる精肉業の歴史を持つサラミ・生ハム生産者。会社の設立は1956年。カタルーニャ州東部のジローナ県で、サラミとソーセージのための小さな工房を開いたのが始まり。その後、60年代にはサン・グレゴリオ郊外に3500㎡の工場を設立。古典的なレシピをベースにしながらも、自社研究によるフレーバーや自社レシピを考案し、製品として提案してきた。現在は4万㎡規模の工場で、年間で25000tのサラミ類を製造している。特にフエは、同社の看板商品。

フエ・エクストラ

カタルーニャ伝統のサラミで、白豚の挽き肉と、胡椒やスパイス類を合わせたワインと好相性の製品。直径約3㎝。1本約175g。

取扱い先：㈱サス／写真提供：Casademont

カサルバ CasAlba

カスティーリャ・イ・レオン州北東部のブルゴスの、標高900mの高地。スペイン最北に位置する生ハム・サラミ類の生産者のひとつ。同地は冬はマイナス15℃にもなるほど過酷な場所で、寒い日には焚き火をしてボデガを温める日もあるほど。寒いところで良質の豚を長く熟成させるのが同社のスタイル。サラミ類も長期間熟成にかけたり、どんぐりの木で燻して香りを付けたりと、同社独自の手法で個性豊かな味わいを表現する。D.O.認定の製品ではないが、地元ブルゴスやバスク地方の食通に人気を集めている。特にサラミ類は、その洗練された味わいがミシュランの三つ星レストランをはじめ、様々な高級飲食店で好まれている。

サルチチョン・ベジョータ（粗挽きイベリコ豚の黒胡椒風味熟成生サラミ）

イベリコ・ベジョータ100％の肉のうま味を塩と胡椒で引き出した贅沢なサルチチョン。味わいが濃く、熟成によって更なる味が引き出されています。肉は粗挽き。直径約6.5㎝。1本約1.5kg。

チョリソー・ベジョータ（粗挽きイベリコ豚のパプリカ風味熟成生サラミ）

長さは65㎝前後。イベリコ・ベジョータの肉を使い、パプリカ、にんにくなどを合わせて練り、約12ヶ月間もの長期間熟成を行い、うま味を引き出したチョリソー。肉は粗挽き。直径約6.5㎝。1本約1.5kg。

ソブラサーダ・イベリコ・ベジョータ（イベリコ豚のパプリカ風味熟成生パテ）

イベリコ・ベジョータの肩ロースなどの上質な肉を、絹挽きほどにし、塩やパプリカ、にんにくなどの香辛料を入れて豚の直腸に入れ、3ヶ月程熟成。その間、定期的にドングリの木で燻して香りを付ける。直径約4.5〜6.5㎝。1本約850g。

取扱い先・写真提供：㈱グルメミートワールド

エルポソ　Elpozo Alimentacion S.A.

1954年から工場を作りしてサラミや生ハム（90ページで紹介）の生産を始めたエルポソ。主に豚肉製品を専門とする食品を生産しており、生産量・知名度ともにスペインを代表する食品メーカーになっている。場所は、地中海に面したムルシア州の、海岸線から30km以上奥に入ったところの都市・アルアマ・デ・ムルシア。市内の東に、1km以上にわたって続く広大な敷地と建物の中で製造が行われている。市内に住む人たちの75％が、何らかの形で同社にかかわっているといわれている。豚は飼育からサラミの製造、販売までを一貫して自社で行っており、そのための飼料や水、電気までも自社でまかなっているほど。

フエ　カセーロ

カタルーニャ地方で古くから伝わるサラミ。白カビによって熟成させる。脂身がナッツのような香り。ソフトな歯触り。肉は細〜中挽き。断面は楕円形約2×3cm。1本約150g。

フエ　テック

フランスの食品コンテストのドライサラミ部門で最優秀賞を受賞したサラミ。白カビ熟成のサラミで、肉はモモ肉、肩肉を使い、細〜中挽き。しっかりとしたテクスチャーと、優しく上品な味わい。断面は楕円形約2〜3cm。1本約160g。

取扱い先：日仏貿易㈱／写真提供：Elpozo Alimentacion S.A.

GOIKOA ゴイコア　EMBUTIDOS GOIKOA S.A.

バスク州の南でフランス国境のナバラ州にある、白豚の腸詰め製品に特化した生産者。1940年代、エウヘニオ・ヒメネス氏が同州のサングエサで小規模肉店を開き、ソーセージの製造販売を始めたのが同社の始まり。息子のハビエル・ヒメネス氏の代で発展を遂げ、サングエサのすぐ北にあるロカフォルテに最新設備の工場を設けて、伝統的製法と最新技術を融合させたコストパフォーマンスに優れる味の良い腸詰類を製造している。現在ではチョリソを年間に8000t以上も生産する、スペインの熟成腸詰め10大生産者の一つに数えられる。その製品は、エル・コルテ・イングレスをはじめとする、ヨーロッパの主要なスーパーマーケット、高級ホテルチェーンでも扱われている。

フエ

天然の白カビのみで、3週間以上熟成させたフエ。白カビの特有の香りが良く、フエらしい甘みと良質な脂のうま味が特徴。熟成感のある味わいは少し納豆のようで、日本人には懐かしさも感じられる。直径約2.5～3cm。1本約150g。下はひと口サイズの「ミニ・スナッキング・フエ」。

チョリソ・サルタ・ドゥルセ

伝統的な製法で、3週間以上熟成させたチョリソ。粗挽きにした肉と、ピメントン（パプリカパウダー）、脂と酸味がバランス良く、ゴロっとした肉の食感がクセになる。そのまま食べるだけでなく、煮込みにも使える。直径約2.5～3cm。1本約225g。

取扱い先：㈱グルメミートワールド／写真提供：EMBUTIDOS GOIKOA S.A.

エスパーニャ・エ・イホス
Embutidos y Jamones ESPAÑA E HIJOS, S.A.

イベリア半島の中央部。カスティーリャ＝ラ・マンチャ州。州内トレド県の県都トレドから北西に30kmほど離れた、小さな町エスカロニージャで、1985年に設立した家族経営の豚肉加工会社。設立者であるミゲル・エスパーニャ・ムニョス氏を中心に、現在も家族経営を続けている。同社の特徴は、イベリコ豚やセラーノ豚を原料として使用し、自然乾燥室に加えて最新設備を導入し、それらを併用して製造を行っている点。EU規格に沿った施設を揃え、歴史の浅い会社ながら、高い品質で人気を集めている。

ESPAÑAチョリソー・サルタ

「サルタ」とは馬蹄形の意味。二つに曲げられた形から名付けられて、スペインを代表する腸詰め。粗挽きの肉に、ピメントン（パプリカの粉）、カイエンヌペッパーなどのスパイスを加えて腸詰めにし、熟成させた。直径約2.5cm。1本約200g。

取扱い先：㈱サス／写真提供：ESPANA E HIJOS, S.A.

エスプーニャ　Espuña

カタルーニャ北部にある町・オロットの近郊にある小さな村・ガロッチャ。気候的にもサラミづくりに適した場所として知られていたこの土地で、1947年、エステヴェ・エスプーニャ氏が、地元で受け継がれるレシピで作る腸詰類の生産を始めた。その後、1947年にエスプーニャ社を設立。1949年に現・本社所在地のオロットに工場を移し、サラミとあわせて生ハムの製造も始めた（91ページで紹介）。高圧水での処理により、微生物による影響を低く抑えるハイプレッシャーマシーンを導入するなど、伝統的な技術を活かしながらも安心・安全には最新の技術を採用。エスプーニャの製品は、スペイン人9000人によって選ばれる"プロダクト・オブ・ザ・イヤー"に2008年から2012年の間に8回受賞されるなどスペイン国内でも人気を集める他、海外にも積極的に輸出している。

ロンガニーザ・トラディショナル
スペイン北東部の伝統的な細型サルチチョン。程よい硬さで、噛むとジューシでマイルド。ほのかなスパイスの香り。肉は中挽き。直径約3cm。使いやすい定貫タイプで1本170g。

キコン
エスプーニャが開発した、オリジナルのサルチチョン。食感はソフトで味わいはマイルド。しっとりとした味わい。後味にかすかな酸味。直径約6cm。使いやすい定貫タイプで1本250g。

取扱い先：㈱協同インターナショナル　食品部／写真提供：Espuña

エルマノス・ロドリゲス・バルバンチョ
Hermanoz Rodriguez Barbancho S.L.

1970年に設立された、家族経営の生ハムメーカー（83ページで紹介）。工場は、アンダルシア州・コルドバにある。使用する豚は、その工場のあるコルドバより30kmほど北に、東西100kmほどに広がる「ペドロケス谷」の豊かな自然の中で育てられたイベリコ豚を選別する。同社ではこのイベリコ・ベジョータを使用した高品質のサラミ類も製造しており、生ハムと同様に「IBEDUL（イベドゥル）」ブランドで販売されている。

チョリソー・イベリコ・ベジョータ

イベリコ・ベジョータを使用した贅沢なサラミ。塩に加え、ピメントン（パプリカパウダー）やにんにくをきかせ、120日間熟成させたスパイシーな味わい。肉は粗挽き。直径約6cm。1本1〜1.4kg。

サルチチョン・イベリコ・ベジョータ

イベリコ・ベジョータを使用し、120日間熟成させたサラミ。ジューシーな味わいが特徴。肉は粗挽き。直径約6cm。1本1〜1.4kg。

取扱い先：㈱ティーアイトレーディング／写真提供：Hermanoz Rodriguez Barbancho S.L.

フリアン・マルティン
Julian Martin, S.A.

ギフエロ地区の中央の市街地で1933年に設立された、家族経営のイベリコ豚肉加工生産者。ベジョータからセボ、自然乾燥熟成から機械管理による熟成、熟成期間、放牧から豚舎での肥育、ドングリから穀類の飼料、100％血統から50％血統など、それぞれの品質決定要因における幅広い品質のイベリコ豚を使用。生ハム（72ページで紹介）のほか、サラミ類も安定して生産している。国内では高級ブランドのイメージで知られ、スペイン最大の百貨店エル・コルテ・イングレスや同社のデリカテッセン直営店において販売。高い評価を受けている。

イベリコチョリソ
75％血統のイベリコ豚を挽き肉にして塩漬けにし、赤パプリカ、にんにく、オレガノなどを加えて豚腸に詰め、自然乾燥・熟成させた。直径約5〜6㎝。1本約1kg。

イベリコサルシチョン
75％血統のイベリコ豚を挽き肉にして塩漬けにし、にんにく、オレガノなどを加えて豚腸に詰め、自然乾燥・熟成させた。直径約5〜6㎝。1本約1kg。

取扱い先：㈱コダマ／写真提供：Julian Martin, S.A.

MONTARAZ モンタラス MONTARAZ

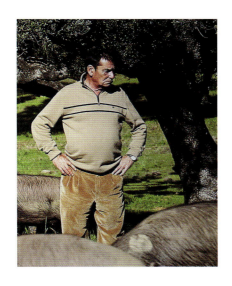

モンタラスは、1880年代に創業以来、サラマンカで4代・130年以上続く老舗の生ハム生産者（73ページで紹介）。その同社が作るサラミ類。創業当時より行われてきた伝統的な塩漬け、天然乾燥室での長期熟成を大切にし、手づくりを貫いてきた。同社工場は1万9000平方㎡もの広大な敷地を有し、と畜、解体、乾燥庫を持つ一貫した製造工程を行っている。サラミ類は、白豚のほか、イベリコ豚を使用した高級品も製造している。サラミ類に使われる塩も、生ハム同様にバレンシア州トレビエハ産の天然塩。冷涼な気候の中で熟成が行われ、塩味がやわらかに仕上がる。

サルチチョン・イベリコ・ベジョータ

イベリコ・ベジョータの細挽き肉を使用し、塩、胡椒などのスパイスを加えてよく練り、3ヶ月熟成させたサルチチョン。直径約5cm。1本約1kg。

チョリソー・イベリコ・ベジョータ

イベリコ・ベジョータの挽き肉に、スペイン産のパプリカ、オレガノ、にんにくなどを加えて3ヶ月熟成させた。肉は粗挽き。直径約5cm。1本約1kg。

取扱い先：㈱サス／写真提供：MONTARAZ

モンテサーノ Montesano Extremadura, S.A.

カナリア諸島のテネリフェ島で、1964年に生ハムメーカーとして創業。1992年からは、エストゥレマドゥーラ南部のバダホス県にあるヘレス・デ・ロス・カバジェロスの工場でも豚肉加工品を製造し続ける生産者（81ページで紹介）。2010年以降、エストゥレマドゥーラ地区に自社農場を持ち、豚の飼育からと畜、解体、製造、保管と、自社で一貫生産できる体制を取っている。場所柄、イベリコ豚を使った生ハムの生産量では、国内5指に入るほど生産量が多く、一貫生産のシステムを活かし、イベリコ豚を使ったチョリソやサルチチョンなどのサラミ類も製造されている。

サルチチョン・イベリコ

イベリコ豚を使い、塩と黒胡椒でシンプルに豚の風味を味わうソーセージ。肉は粗挽き。直径約6cm。1本約1kg。使いやすいハーフカット・サイズもある。

取扱い先：㈲ニューワールドトレーディング／写真提供：Montesano Extremadura, S.A.

レドンド・イグレシアス
REDONDO IGLESIAS S.A.U.

レドンド・イグレシアスは、1920年以来、家族経営で伝統的な生ハムづくりに取り組んできたメーカー（74ページで紹介）。イベリコ豚製品専用の工場は、ギフエロ市街地から南に20kmほどの所の、海抜1300mほどのカンデラリオ村北部の自然公園の中。豊かな植生と独自の環境の中、伝統的な手法を大事にして非常に長期間の熟成で、イベリコハムに加えサラミ類の製造も行っている。使用するイベリコ豚は、エストゥレマドゥーラにあるデエサで放牧飼育されたもの。

イベリコ・チョリソー

イベリコ豚の挽き肉と、厳選した甘いパプリカ組み合わせた、伝統的な製法のチョリソー。カンデラリオの自然な庭園で乾式硬化させた。強烈な味と優れた香り。1本約500g。

取扱い先：白井松新薬㈱ 食品課／写真提供：REDONDO IGLESIAS S.A.U.

生ハム・サラミ　取り扱い先

株式会社アーク
・ルリアーノ　Ruliano S.p.A.（28 ページ、62 ページ）
東京都中央区日本橋蛎殻町1-5-6　盛田ビルディング
TEL：03-5643-6444　FAX：03-5643-6445
http://www.ark-co.jp

株式会社アルカン
・ツアリーナ　Zuarina S.p.A.（31 ページ）
・フラモン　FRAMON S.p.A.（34 ページ）
・ホセリート　CARNICAS JOSELITO, S.A.
　（71 ページ）
・サレゾン・ドゥ・ラドゥール　Salaisons de l'Adour
　（95 ページ）
・パヴォンチェッリ　Salumificio Pavoncelli E. & Figli
　S.p.A.（114 ページ）
東京都中央区日本橋蛎殻町1-5-6
TEL：0120-852-920
http://www.arcane.co.jp/

株式会社カ・フォルム・ジャパン
・バッツァ　SALUMIFICIO BAZZA S.R.L.
　（104 ページ）
東京都品川区二葉2-12-6
TEL：03-6426-2356　FAX：03-6426-2148
http://www.caform.jp/

株式会社協同インターナショナル　食品部
・ガローニ　Fratelli Galloni S.p.A.（19 ページ）
・ビラーニ　VILLANI S.p.A.（40 ページ、117 ページ）
・イベリベリコ　Iberiberico（77 ページ）
・エスプーニャ　Espuña（91 ページ、128 ページ）
・ヴァインズ　Hermann Wein CmbH&Co.（98 ページ）
神奈川県川崎市宮前区宮崎2-10-9
TEL：044-866-5975　FAX：044-854-1188
http://www.kyodo-inc.co.jp/food/

株式会社グルメミートワールド
・フビレス　Jamones de Juviles（87 ページ）
・カサルバ　CasAlba（89 ページ、124 ページ）
・ゴイコア　EMBUTIDOS GOIKOA S.A.（126 ページ）
栃木県日光市土沢2002-2
TEL：0288-32-2939　FAX：0288-32-2919
http://www.gourmet-world.co.jp

株式会社コダマ
・フリアン・マルティン　Julian Martin, S.A.
　（72 ページ、130 ページ）
・トーレ・デ・ヌニエズ　Torre de Nùñez de Conturiz,
　S.L.U.（92 ページ）
東京都大田区京浜島1-3-9
TEL：03-5755-2311　FAX：03-5755-2912
http://www.kodama-ltd.co.jp

株式会社サス
- モンタラス　MONTARAZ（73 ページ、131 ページ）
- マルティネス　JAMONES MARTINEZ（80 ページ）
- エスパーニャ・エ・イホス　Embutidos y Jamones ESPAÑA E HIJOS, S.A.（127 ページ）
- カサデモン　Casademont（123 ページ）

東京都中央区入船3-10-7　有楽堂ビル3階
TEL：03-3552-5223　FAX：03-3552-5226
http://shop.spainclub.jp/html/company.html

株式会社ダイヤモンドスター
- コンソルシオ・デ・ハブーゴ　CONSORCIO DE JABUGO S.A.（76 ページ）
- アントニオ・アルバレス　ANTONIO ALVAREZ JAMONES S.L.（86 ページ）

東京都千代田区丸の内2-2-1　岸本ビル11階
TEL：03-3213-8818　FAX：03-3213-0006
http://www.diamondstar.co.jp/index.html

株式会社ティーアイトレーディング
- プリンチペ　Principe di San Daniele S.p.A.（26 ページ、37 ページ、60 ページ、111 ページ）
- エルマノス・ロドリゲス・バルバンチョ　Hermanoz Rodriguez Barbancho S.L.（83 ページ、129 ページ）

埼玉県川口市西青木3-3-9　富士火災川口ビル5階
TEL：048-911-0818　FAX：048-911-0964
http://www.ti-trd.com/

株式会社ディバース
- カルディサン　Cardisán,S.L.（70 ページ、122 ページ）

東京都港区東麻布1-15-8　1階
TEL：03-6277-7871　FAX：03-6368-3664
http://www.diverse.co.jp/

株式会社ノルレェイク・インターナショナル 畜産部
- フマガリ　Fumagalli Salumi Industria Alimentari S.p.a.（20 ページ、107 ページ）

神奈川県川崎市中区相生町6-1-4　横浜相生町ビル7階
TEL045-212-3401　FAX：045-212-3402
http://www.norlake.co.jp/index.html

株式会社ビオロジコ
- ペドラッツォーリ　Salumificio Pedrazzoli S.p.A.（29 ページ、39 ページ）

東京都港区南青山3-14-14-102
TEL：03-6890-0851　FAX：03-3404-6101
http://biologico.jp/

株式会社フードライナー
- ジョルジョ・ルッピ　GIORGIO LUPPI SELEZIONE（21 ページ）
- アウローラ　Salumificio Aurora S.R.L.（61 ページ）

兵庫県神戸市東灘区向洋町東4-15-19
TEL：078-858-2043　FAX：078-858-2044
http://www.foodliner.co.jp/

株式会社プログレス　アレクリア事業部
・サン・ニコラ　San Nicola Prosciuttificio del Sole
　S.p.A.（30 ページ）
・レンツィーニ　RENZINI – Alta Norcineria e
　Gastronomia（50 ページ）
・ダウトーレ　D'Autore Srl（106 ページ）
・ゴルフェラ　Salumificio Golfera in Levezzola
　S.p.A.（113 ページ）
・トマッソーニ　TOMASSONI S.R.L.（116 ページ）
兵庫県神戸市東灘区深江本町4-4-21
TEL：078-436-1002　FAX：078-436-1003
http://www.arrecria.jp/

株式会社メルクマール
・サンチェス・ロメロ・カルバハル　Sanchez Romero
　Carvajal（78 ページ）
東京都大田区大森本町1-2-20-4階
TEL：03-5767-5427　FAX：03-5763-2428
http://www.merkmal-5j.com

サンヨーエンタープライズ株式会社
・ドック・ダッラーヴァ　DOK DALL'AVA（33 ページ）
・カサ・グランツィアーノ　CASA GRANZIANO
　（17 ページ）
・サヴィーニ　SAVIGNI（54 ページ、115 ページ）
・テッレ・ヴェルディ　Terre Verdi（59 ページ）
兵庫県神戸市中央区港島中町6-14 ポートピアプラザ
D-803
TEL：078-302-5641　FAX：078-302-5640
http://www.sanyo-ep.jp/

白井松新薬株式会社　食品課
・レドンド・イグレシアス　REDONDO IGLESIAS
　S.A.U.（74 ページ、133 ページ）
東京都中央区京橋2-7-14
TEL：03-5159-5704　FAX：03-5159-5714
http://www.shiraimatsu.com/foods/

セイショウ・トレーディング・インコーポレーション
・レボーニ　Levoni S.p.A.
　（22 ページ、35 ページ、56 ページ、108 ページ）
東京都港区海岸1-6-1-1411
TEL：03-5777-0431　FAX：03-5777-0432
http://www.seisyotrdg.com/

登馬商事株式会社
・ピオ・トジーニ　Pio Tosini S.p.A.（25 ページ）
東京都中央区日本橋小舟町3-2 リブラビル1階
TEL：03-5640-4026　FAX：03-5640-4032
http://www.thoma.co.jp/

日仏貿易株式会社
・エルポソ　Elpozo Alimentacion S.A.
　（90 ページ、125 ページ）
・アルガル　ARGAL S.A.（120 ページ）
東京都千代田区霞が関3-6-7 霞が関プレイス
TEL：03-5510-2662　FAX：03-5510-0131
http://www.nbkk.co.jp

兵庫通商株式会社 THE STORY 事業部
・アルトゥーロ・サンチェス　Arturo Sánchez e Hijos
　S.L.（69 ページ、121 ページ）
兵庫県神戸市中央区北長狭通5-5-15
TEL：078-341-5532　FAX：078-371-8755
http://www.thestory.jp/

有限会社ニューワールドトレーディング
・モンテサーノ　Montesano Extremadura,S.A.
　（81 ページ、132 ページ）
東京都文京区本郷3-14-15 美工本郷第2ビル5階
TEL：03-5684-0521　FAX：03-5684-0522
http://www.new-world-trading.jp

モンテ物産株式会社
・クライ　clai（18 ページ、105 ページ）
・ルッピ　LUPPI（23 ページ）
・モントルシ　Montorsi
　（24 ページ、36 ページ、57 ページ、110 ページ）
東京都渋谷区神宮前5-52-2 青山オーバルビル6階
TEL：03-5466-4510（代表）　FAX：03-5466-4509
【問い合せ先】0120-348566
http://www.montebussan.co.jp/

有限会社リリブ
・ポッジョ・サン・ジョルジョ　Poggio San Giorgio
　（49 ページ）
東京都武蔵野市吉祥寺南町1-10-4階
TEL：0422-24-7501　FAX：0422-24-7502
http://liliv.jp

有限会社アイランドフーズ
・ピカロン　Prosciuttifici PiCARON
　（27 ページ、38 ページ）
・ヴィアーニ　Salumificio Viani S.R.I.（42 ページ）
・アンティーカ・アルデンガ　Salumificio Antica
　Ardenga（58 ページ）
・サルチス　SALCIS（112 ページ）
東京都港区麻布十番1-7-2
TEL：03-6277-2122　FAX：03-6277-8099
http://www.islandfoods.jp/

生ハム・サラミ　生産者・ブランド索引

生ハム（イタリア）

カサ・グランツィアーノ　CASA GRANZIANO	17 ページ	
クライ　clai	18 ページ	
ドック・ダッラーヴァ　DOK DALL' AVA	33 ページ	
フラモン　FRAMON S.p.A.	34 ページ	
ガローニ　Fratelli Galloni S.p.A.	19 ページ	
フマガリ　Fumagalli Salumi Industria Alimentari S.p.a.	20 ページ	
ジョルジョ・ルッピ　GIORGIO LUPPI SELEZIONE	21 ページ	
レボーニ　Levoni S.p.A.	22 ページ、35 ページ、56 ページ	
ルッピ　LUPPI	23 ページ	
モントルシ　Montorsi	24 ページ、36 ページ、57 ページ	
ピオ・トジーニ　Pio Tosini S.p.A.	25 ページ	
ポッジョ・サン・ジョルジョ　Poggio San Giorgio	49 ページ	
プリンチペ　Principe di San Daniele S.p.A.	26 ページ、37 ページ、60 ページ	
ピカロン　Prosciuttifici PiCARON	27 ページ、38 ページ	
レンツィーニ　RENZINI – Alta Norcineria e Gastronomia	50 ページ	
ルリアーノ　Ruliano S.p.A.	28 ページ、62 ページ	
アンティーカ・アルデンガ　Salumificio Antica Ardenga	58 ページ	
アウローラ　Salumificio Aurora S.R.L.	61 ページ	
ペドラッツォーリ　Salumificio Pedrazzoli S.p.A.	29 ページ、39 ページ	
ヴィアーニ　Salumificio Viani S.R.I.	42 ページ	
サン・ニコラ　San Nicola Prosciuttificio del Sole S.p.A.	30 ページ	
サヴィーニ　SAVIGNI	54 ページ	
テッレ・ヴェルディ　Terre Verdi	59 ページ	
ビラーニ　VILLANI S.p.A.	40 ページ	
ツアリーナ　Zuarina S.p.A.	31 ページ	

生ハム（スペイン）

アントニオ・アルバレス　ANTONIO ALVAREZ JAMONES S.L.	86 ページ
アルトゥーロ・サンチェス　Aruturo Sánchez e Hijos S.L.	69 ページ
カルディサン　Cardisán,S.L.	70 ページ
ホセリート　CARNICAS JOSELITO, S.A.	71 ページ
カサルバ　CasAlba	89 ページ
コンソルシオ・デ・ハブーゴ　CONSORCIO DE JABUGO S.A.	76 ページ
エルポソ　Elpozo Alimentacion S.A.	90 ページ
エスプーニャ　Espuña	91 ページ
エルマノス・ロドリゲス・バルバンチョ　Hermanoz Rodriguez Barbancho S.L.	83 ページ
イベリベリコ　Iberiberico	77 ページ
フビレス　Jamones de Juviles	87 ページ
マルティネス　JAMONES MARTINEZ	80 ページ
フリアン・マルティン　Julian Martin, S.A.	72 ページ
モンタラス　MONTARAZ	73 ページ

モンテサーノ Montesano Extremadura,S.A.	…………………………	81 ページ
レドンド・イグレシアス REDONDO IGLESIAS S.A.U.	…………………	74 ページ
サンチェス・ロメロ・カルバハル Sanchez Romero Carvajal	…………	78 ページ
トーレ・デ・ヌニエズ Torre de Nùñez de Conturiz, S.L.U.	…………	92 ページ

生ハム（その他の国）

ヴァインズ Hermann Wein CmbH&Co.	……………………………	98 ページ
サレゾン・ドゥ・ラドゥール Salaisons de l'Adour	…………………	95 ページ

サラミ（イタリア）

クライ clai	………………………………………………	105 ページ
ダウトーレ D' Autore Srl	…………………………………	106 ページ
フマガリ Fumagalli Salumi Industria Alimentari S.p.a.	………	107 ページ
レボーニ Levoni S.p.A.	……………………………………	108 ページ
モントルシ Montorsi	…………………………………………	110 ページ
プリンチペ Principe di San Daniele S.p.A.	…………………	111 ページ
サルチス SALCIS	……………………………………………	112 ページ
バッツァ SALUMIFICIO BAZZA S.R.L.	…………………	104 ページ
ゴルフェラ Salumificio Golfera in Levezzola S.p.A.	……………	113 ページ
パヴォンチェッリ Salumificio Pavoncelli E. & Figli S.p.A.	………	114 ページ
サヴィーニ SAVIGNI	…………………………………………	115 ページ
トマッソーニ TOMASSONI S.R.L.	…………………………	116 ページ
ビラーニ VILLANI S.p.A.	…………………………………	117 ページ

サラミ（スペイン）

アルガル ARGAL S.A.	………………………………………	120 ページ
アルトゥーロ・サンチェス Arturo Sánchez e Hijos S.L.	…………	121 ページ
カルディサン Cardisán,S.L.	…………………………………	122 ページ
カサデモン Casademont	……………………………………	123 ページ
カサルバ CasAlba	……………………………………………	124 ページ
エルポソ Elpozo Alimentacion S.A.	…………………………	125 ページ
ゴイコア EMBUTIDOS GOIKOA S.A.	……………………	126 ページ
エスパーニャ・エ・イホス Embutidos y Jamones ESPAÑA E HIJOS, S.A.	…………	127 ページ
エスプーニャ Espuña	…………………………………………	128 ページ
エルマノス・ロドリゲス・バルバンチョ Hermanoz Rodriguez Barbancho S.L.	………	129 ページ
フリアン・マルティン Julian Martin, S.A.	……………………	130 ページ
モンタラス MONTARAZ	……………………………………	131 ページ
モンテサーノ Montesano Extremadura,S.A.	…………………	132 ページ
レドンド・イグレシアス REDONDO IGLESIAS S.A.U.	………	133 ページ

ビストロ・バルの 技アリ スピード料理

早くて旨い・仕込みが巧い 105品

●B5判・224ページ　●定価2500円+税

注文から提供まで10分以内！
スピード料理105品が大集合!!

気軽さが魅力のビストロ・バル。何分も待たせて提供する料理ではなく、注文が入ったらすぐに提供できるスピード料理が求められています。本書は、そんなスピード料理にスポットを当てて、人気店12店舗のスピード料理のレシピを105品ラインアップしました。料理は「肉料理」「魚貝料理」「野菜料理」「卵、雑穀、チーズ、豆など」と4つのカテゴリーに分けて構成しています。注文が入ったら、皿に盛るだけ、切って盛るだけ、すくって盛るだけ、温めるだけ、焼くだけ、揚げるだけ…。ただし、そこにいたるには、時間と手間をきっちりかけていく各店、各シェフの"仕込み"のテクニックが隠されています。本書では、提供だけでなく、仕込みのテクニックにも焦点をあてて紹介します。

【掲載店】

- Bistro Le MAN （ビストロ　ル　マン）東京・表参道
- Brasserie La・mujica （ブラッスリー　ラ・ムジカ）東京・目白
- Cristiano's （クリスチアノ）東京・代々木八幡
- SPOON⁺ （スプーンプラス）東京・阿佐ヶ谷
- Ichi （イチ）東京・永福町
- Cantina Carica.ri （カンティーナ　カーリカ.リ）東京・都立大学
- Bistro Hutch （ビストロ　ハッチ）東京・吉祥寺
- Aux Delices de Dodine （オデリス　ド　ドディーヌ）東京・芝大門
- かしわビストロ　バンバン　東京・神泉
- kitchen cero （キッチン　セロ）東京・目黒
- Bricca （ブリッカ）東京・三軒茶屋
- Aminima （アミニマ）東京・外苑前

● 肉料理

● 魚貝料理

● 野菜料理

● 卵、雑穀、チーズ、豆など

お申し込みはお早めに！

★お近くに書店のない時は、直接、郵便振替または現金書留にて下記へお申し込み下さい。

旭屋出版　〒107-0052　東京都港区赤坂1-7-19　キャピタル赤坂ビル8階
☎03-3560-9065(代)　振替／00150-1-19572　http://www.asahiya-jp.com

定価3500円+税

イタリア魚介料理

『タベルナ・アイ』オーナーシェフ・今井 寿
『ANAクラウンプラザホテル
熊本ニュースカイ・サンシエロ』料理長・臼杵哲也
『トラットリア ケ・パッキア』シェフ・岡村光晃
『ピアット・スズキ』オーナーシェフ・鈴木弥平
『ダ・オルモ』 調理長・北村征博
『オステリア イル・レオーネ』料理長・和氣弘典

気鋭のシェフ6人が、四季の魚介料理を提案。詳しい調理技術も分かる！

【ANTIPASTO】

カツオの炙り 野菜ジュレ添え
コハダのマリネ
ウナギのオレンジマリネ
野菜とイカのマリネ ガルム風味炙りサバとフルーツトマトのマリネ
寒ブリの厚切りマリネ
ハモの炙り焼き
キャビアと黒米
真カジキの生ハム
鯛のアフミカート カルパッチョ仕立て
寒サワラのスモーク
モッツアレラチーズとマンゴー、オマールエビのカプレーゼ
ウチダザリガニのパンツァネッラ
スペルト小麦と海の幸のサラダ
マグロとアボカドのサラダ仕立て 燻製したヴァージンオイルを添えて
飯ダコとじゃが芋のサラダ アンチョビのソース
墨イカとウイキョウ、カラスミのサラダ
カッポンマーグロ
パルマ産生ハムで巻いた小エビとメロン、ピノグリージョ風味のゼリー添え
香箱ガニのスプマンテジュレ
穴子のテリーヌ
タコのテリーヌ
北寄貝のグリル 香草のソース
白子の生ハム巻きソテー ヴェルモット酒とバターのソース
バッカラのビチェンツァ風
イカの墨煮 ヴェネツィア風
ミミイカのインツィミーノ
煮ハマグリの冷菜
タコのルチアーナ
蒸しアワビの肝ソース
シラスのゼッポリーネ ガエタオリーブのペースト添え
太刀魚のアグロドルチェ
飯ダコのセモリナ粉揚げ ウイキョウとオレンジのカポナータ添え
鯉の前菜盛り合わせ
　…ほか。

【PRIMO PIATTO】

ボッタルガのスパゲッティ
スパゲッティ イカ墨のソース
ウニとタラコのクリームスパゲッティ
スパゲッティ ワタリガニのラグー
カッペリーニ 甘エビ
スパゲッティ グリルした牡蠣のトマトソース
真鱈白子とちぢみほうれん草のスパゲットーニ
ハマグリと空豆のキタッラ
リングイネ ウニのソース
地タコとリングイネのプッタネスカ
リングイネ 墨イカと乾燥トマト
トラグ白子と辛いフレッシュトマトソースのリングイネ
スカンピのリングイネ
タリオリーニ カツオ藁の香り
カメンテのタリオリーニ
タリオリーニ 白子とカラスミ 京ねぎのソース
ブカティーニのシチリア風 イワシのオイル煮添え
ブカティーニ ペスカトーラ 紙包み焼き レモン風味
スパッカテッラ マグロホホ肉となすのラグー
ホタテと冬瓜のリゾーニ〉
カーサレッチェ カジキマグロのラグー
燻製ヤリイカと菜の花のストロッツァプレーティ ボッタルガ添え
甘鯛のラサ
海の幸入りフレーグラのミネストラ
魚介とマッシュルームのカネロニ ピザ窯焼き クイリナーレ風
毛ガニのラビオリとスモークチーズのオーブン焼き 茸のソース
バッカラのスープ
アサリのリゾット レモン風味 パレルモ風
スルメイカの肝のリゾット
ポルチーニ茸とトレヴィスのリゾット 伊勢エビの瞬間揚げ
アオサ入りじゃが芋のニョッキ クリームソース〉
鮎のカネーデルリ
　…ほか。

【SECONDO PIATTO】

真鯛のソテー 桜エビのソース
真鯛の海塩焼き
鯛の香草焼き ハマグリとマッシュルームのクリームソース
ヒラメのロマーニャ風
ヒラメのじゃが芋巻きクロスタ アサリのソース レモン風味
舌ビラメのフィレンツェ風
イサキのカラブリア風
ヒラスズキのオーブン焼き ローズマリーとレモンの風味
メカジキのカツレツ パレルモ風
詰め物をしたカジキマグロのグリル サルモリッリョ
金目鯛のサフランソース 野菜添え
クエの鱗焼き
パンチェッタでロールしたカサゴのロースト モスタルダ風味
鱈のコンフィ
パレルモ風イワシのベッカフィーコ
ニシンのストゥルーデル
マグロのタリアータ バルサミコソース
穴子となすのグリル、パートブリック包み カルトッチョ見立て
ウナギのロンド ヴィンコットソース
アカザエビのカダイフ巻き ヴィネガー風味 レモンの泡と共に
カニのソーセージ
ソフトシェルクラブの黄金焼き
イカの詰め物 シラクーザ風
真ダコの赤ワイン煮込み
ムール貝の詰め物カツレツ マリナーラソース
ホタテのカリカリ焼き
フリットミスト ディ マーレ
リグーリア風魚介鍋 チュッピン
カチュッコ
ヤマメのトローテ イン ブル
　…ほか。

お申し込みはお早めに！　★お近くに書店のない時は、直接、郵便振替または現金書留にて下記へお申し込み下さい。

旭屋出版　〒107-0052　東京都港区赤坂1-7-19　キャピタル赤坂ビル8階
☎03-3560-9065代　振替／00150-1-19572　http://www.asahiya-jp.com

気軽なバルメニューから、本格派の一品料理まで。

スペイン料理の本格調理技術

バルの手軽なおつまみメニューから、
レストラン料理、デザート、ドリンクも。
本格スペイン料理のレシピと調理技術！

■256頁 定価3500円（税別）

マドリードを中心とする内陸部の料理
スペインバルでの「定番」が溢れる。
主要地域の料理と技術

バレンシア地方の料理
地中海の米どころ。定番米料理の
本格技術と、豊富な野菜料理

カタルーニャ地方の料理
スペインでも独自文化が生み出す、
ソースと煮込み料理の数々

アンダルシア地方の料理
揚げ物が多く、イスラムの影響も
見られる、スペイン南部の料理

バスク地方の料理
フランスにまたがる、センス溢れる
「新スペイン料理」のメニュー

ガリシア地方の料理
スペイン北部の、素朴な味わいを楽しむ
魚介料理と肉料理

お申し込みはお早めに！
★お近くに書店のない時は、直接、郵便振替または現金書留にて下記へお申し込み下さい。

旭屋出版 〒107-0052　東京都港区赤坂1-7-19　キャピタル赤坂ビル8階
☎03-3560-9065代　振替／00150-1-19572　http://www.asahiya-jp.com

取材協力
イタリア大使館　貿易促進部
スペイン大使館　経済商務部
兵庫通商㈱THE STORY事業部
㈱グルメミートワールド
㈱アルカン
セイショウ・トレーディング・インコーポレーション

原稿協力
ジャーナリスト・池田愛美（フィレンツェ在住）

撮　　影：P49（生ハム写真）、P78（生ハム写真）：後藤弘行（本誌）
デザイン：内田ゆう

「生ハム」「サラミ」大全

発行日	平成30年10月25日　初版発行
編　者	旭屋出版編集部（あさひやしゅっぱんへんしゅうぶ）
発行者	早嶋　茂
制作者	永瀬　正人
発行所	株式会社旭屋出版
	〒107-0052
	東京都港区赤坂1-7-19　キャピタル赤坂ビル8階
	郵便振替　00150-1-19572
	販売部 TEL 03(3560)9065　FAX 03(3560)9071
	編集部 TEL 03(3560)9066　FAX 03(3560)9073
	旭屋出版ホームページ　http://www.asahiya-jp.com/

印刷・製本　株式会社シナノ　パブリッシング　プレス

※許可なく転載、複写ならびにweb上での使用を禁じます。
※落丁、乱丁本はお取替えします。
※定価はカバーにあります。

©Asahiya Shuppan,2018　ISBN978-4-7511-1353-0　C2077
Printed in Japan